LES

INSECTES AUXILIAIRES

ET LES

INSECTES UTILES

PAR HENRI MIOT

AVOCAT A LA COUR IMPÉRIALE DE DIJON
MEMBRE DE LA SOCIÉTÉ PROTECTRICE DES ANIMAUX
ET DE LA SOCIÉTÉ D'INSECTOLOGIE AGRICOLE
MEMBRE DE LA SOCIÉTÉ DES SCIENCES HISTORIQUES ET NATURELLES
DE SEMUR
ET DE PLUSIEURS AUTRES SOCIÉTÉS SAVANTES
DE FRANCE ET DE L'ÉTRANGER

PARIS

LIBRAIRIE AGRICOLE

JOURNAL DES FERMES ET DES CHATEAUX
Rue Jacob, 26.

1870

R
113

LES

INSECTES AUXILIAIRES

ET LES

INSECTES UTILES

LES
INSECTES AUXILIAIRES

ET LES

INSECTES UTILES

PAR HENRI MIOT

AVOCAT A LA COUR IMPÉRIALE DE DIJON
MEMBRE DE LA SOCIÉTÉ PROTECTRICE DES ANIMAUX
ET DE LA SOCIÉTÉ D'INSECTOLOGIE AGRICOLE
MEMBRE DE LA SOCIÉTÉ DES SCIENCES HISTORIQUES ET NATURELLES
DE SEMUR
ET DE PLUSIEURS AUTRES SOCIÉTÉS SAVANTES
DE FRANCE ET DE L'ÉTRANGER

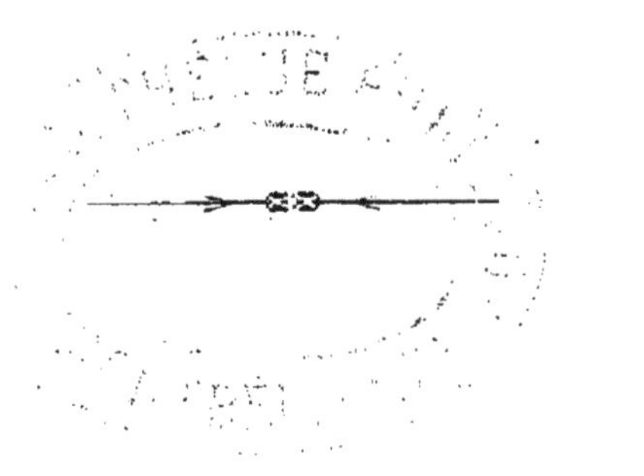

VERSAILLES

IMPRIMERIE DE E. AUBERT
6, Avenue de Sceaux.

1870

INTRODUCTION

AUX INSTITUTEURS !

L'état de souffrance dans lequel se sont trouvées l'agriculture et la sylviculture dont les intérêts étaient si gravement compromis, avait dû éveiller l'attention du gouvernement qui, dans sa sollicitude, a chargé, ces années dernières, des hommes d'élite de rechercher la cause de ce mal.

De leur côté, un grand nombre de savants et d'agriculteurs, comprenant toute l'importance de cette question, l'ont étudiée avec soin, et il est résulté de la plupart de leurs travaux que ce triste état de choses tenait, en partie, à la présence, dans les cultures, des insectes phytophages ou mangeurs de plantes, qui se multiplient d'autant plus facilement que nous détruisons sans raison les animaux (oiseaux, reptiles et insectes) qui leur livrent une chasse active, et que nous devrions protéger, du moins pour cette raison.

L'équilibre admirable établi par la nature dans toutes ses créations est donc rompu ici, et il est bien temps, nous semble-t-il, de chercher à arrêter ce fléau toujours croissant qui détruit le produit des cultures et tarit par là-même la source des richesses.

C'est dans l'espoir d'arriver à ce résultat que s'est fondée à Paris, au mois de février 1867, la Société d'Insectologie agricole, qui se propose un double but. D'abord, en vulgarisant la connaissance de tous les insectes, au moyen d'intéres santes publications mensuelles, d'expositions et de collections publiques, elle cherche à faire connaître les insectes utiles et leurs produits, les insectes nuisibles et leurs dégâts. Puis, faisant appel aux agriculteurs et à l'expérience de tous, elle recueille et préconise les meilleurs moyens à employer pour propager les premiers et pour détruire les autres. Cette Société est donc destinée, par suite de la tâche qu'elle a entreprise, à rendre d'immenses services à l'agriculture en diminuant les pertes considérables que celle-ci éprouve chaque année, et à l'industrie en lui assurant une plus grande quantité de matières premières à utiliser.

Quelques années avant la fondation de cette société, un professeur de zoologie au Muséum d'histoire naturelle, M. Duméril avait, dans une de ses savantes leçons, désigné sous le nom d'*Auxiliaires,*

non-seulement « les animaux élevés par l'homme et
« soumis par lui à la domestication ; » mais encore
« tous ceux dont on pourrait utiliser avec avantage
« les instincts carnassiers pour la destruction d'es-
« pèces nuisibles par leurs ravages dans nos habi-
« tations et dans nos cultures. »

Après avoir lu cet intéressant article dans lequel
l'éminent naturaliste nous montre l'utilité, jusqu'a-
lors méconnue, des couleuvres, des lézards et surtout des crapauds que les préjugés et l'ignorance
ont rendus si longtemps victimes d'un acharnement
aveugle et cruel, l'idée nous vint de comprendre,
sous cette dénomination d'*Animaux auxiliaires*, les
insectes qui rendent à l'agriculture des services si-
gnalés et d'autant plus sûrs qu'ils travaillent pour
eux seuls en obéissant ainsi à leur instinct.

C'est alors que, sous le titre d'*Insectes auxiliaires*
et d'*Insectes utiles*, nous avons essayé d'indiquer
brièvement (1) quels sont, parmi ces êtres innom-
brables qui nous entourent et que nous ne connaissons pas assez, ceux dont il serait possible de tirer
quelque utilité ou quelque avantage. Plus tard, une
étude plus approfondie de l'entomologie nous ayant
fait voir toute l'insuffisance de ce travail, nous l'a-

(1) *Bulletin de la Société protectrice des animaux*, avril et mai
1865.

vons complété à l'aide de notre collection spéciale des insectes mentionnés dans cet opuscule et recueillis par nous avec le plus grand soin et de minutieuses observations. Nous avons pensé aussi qu'il ne serait pas sans intérêt d'entrer dans quelques détails qui nous permettront d'atteindre plus facilement le but que nous nous sommes proposé.

Ce que nous désirons, en effet, c'est propager les idées protectrices à l'égard des animaux qui nous rendent d'incontestables services, que nous tenons à faire connaître. En d'autres termes, nous voulons éclairer les populations des campagnes sur leur propre intérêt et les empêcher de continuer les poursuites injustes exercées envers ces zélés gardiens de leurs récoltes, qui les préservent de la famine et s'acquittent à merveille d'une œuvre que l'homme seul n'aurait pu accomplir, tant se succèdent et se multiplient rapidement les nombreuses légions d'insectes phytophages ou mangeurs de plantes !

Nous voulons en outre réhabiliter autant que possible ces alliés fidèles, voués à la proscription et à la mort par suite d'une funeste ignorance qui aura bientôt complétement disparu de nos campagnes, à l'aide du développement incessant donné depuis quelques années à l'éducation populaire qui, bien conçue et bien dirigée, doit être le plus puissant instrument de progrès et de civilisation, en doublant la richesse et la moralité du monde.

Désireux de retirer le plus d'avantages possibles de ce nouveau genre d'éducation tout pratique, qu'il a créé, et persuadé en outre que des notions d'histoire naturelle, dont les applications sont si fréquentes, seraient d'un grand secours pour le cultivateur, M. le ministre de l'instruction publique, qui avait d'abord compris les éléments de cette science dans les matières obligatoires du programme de l'instruction primaire, vient d'adopter récemment, pour l'enseignement agricole professé tant dans les écoles normales primaires que dans toutes les écoles rurales, un programme dans lequel nous remarquons deux divisions spéciales, consacrées l'une à l'étude des insectes nuisibles, l'autre à celle des insectes utiles.

Espérons donc que la féconde initiative de Son Excellence ne tardera pas à porter ses fruits, grâce au zèle et au dévouement des instituteurs!

Aussi, nous ne croyons pouvoir mieux faire que de nous adresser à ces maîtres pleins d'ardeur, qui, ayant plus que nous l'intelligence du cœur et la confiance des enfants, les habitueront de bonne heure à une grande douceur envers les animaux, en les initiant à leur vie. Eux seuls aussi pourront, dans des conférences faites le soir ou pendant les promenades et les récréations, indiquer à l'aide de démonstrations pratiques les services de toutes sortes que nous rendent certains insectes, et éloigner facilement de l'esprit de leurs jeunes élèves le dégoût et l'antipathie que de profondes erreurs font naître à l'égard de ces êtres si inoffensifs.

Désormais, les agriculteurs de l'avenir, ayant appris sur les bancs de l'école et, plus tard, au sein des savantes sociétés d'horticulture et d'insectologie, à connaître les mœurs des animaux que la nature leur a donnés comme auxiliaires, ne comprendront plus dans la même proscription TOUS LES INSECTES, et cesseront de tourner contre eux-mêmes les armes qui leur ont été fournies pour combattre leurs nombreux ennemis. Peut-être même en arriveront-ils un jour à s'adjoindre ces précieuses espèces et à les plier à leurs besoins, alors que, lassés de payer chaque année les lourds impôts prélevés sur leurs récoltes par les insectes nuisibles, ils finiront par comprendre toute l'étendue de leur impuissance en face d'un pareil fléau !

Certainement nous ne poussons pas la sensibilité à l'excès, et nous ne venons pas, par pur amour des insectes, demander aide et protection pour les chenilles, les sauterelles, les pucerons et beaucoup d'autres espèces qui, douées d'une effrayante fécondité, causent à l'agriculture de graves préjudices, soit en attaquant les arbres et les plantes, soit en se nourrissant de leurs fruits ou en rongeant leurs feuilles et leurs fleurs. Mais à côté de ces êtres malfaisants, dont le cultivateur déplore si souvent les ravages, on rencontre, sans les connaître, leurs redoutables ennemis, que Dieu a placés là comme un remède à côté du mal. Ces insectes sont nos amis, nos fidèles alliés, ceux, en un mot, que nous voulons d'autant plus signaler à la protection et à la reconnaissance de tous, que leur présence dans les cultures ne peut pas être préjudiciable et qu'ils sont souvent, à l'état de larves surtout, d'un secours plus efficace que les autres auxiliaires de l'agriculture. En effet, leurs yeux, plus puissants que les meilleurs microscopes, aperçoivent et découvrent, dans des lieux obscurs ou inaccessibles à certains mammifères, aux oiseaux et aux reptiles, nos autres auxiliaires, les petits maraudeurs qui s'y retirent après avoir dévoré les fruits ou les jeunes pousses des arbres. Ces précieux insectes, destinés à remplir un rôle si important dans la nature, sont désignés, par les entomologistes, sous le nom d'*Insectes insectivores* ou *carnassiers*.

Nous allons successivement les passer en revue, d'après les classifications adoptées par les naturalistes, et nous n'entrerons dans quelques détails qu'à l'occasion des espèces les plus communes ou les mieux connues. Enfin, nous indiquerons, en tête de chaque ordre, les caractères généraux qui servent à le distinguer, en laissant de côté, toutefois, les termes et les théories scientifiques, car nous voulons seulement faire connaître, d'une manière aussi simple et intéressante que possible, les mœurs et l'utilité que l'on peut retirer de certains insectes, seules choses nécessaires au point de vue agricole. Tel est, du moins, le but auquel ont tendu toutes nos recherches.

LES
INSECTES AUXILIAIRES

ET LES

INSECTES UTILES

> La loi mystérieuse de destruction maintient l'équilibre et l'harmonie entre les diverses parties de la création.
>
> (Rapport au Sénat sur la conservation des oiseaux, par M. le premier président Bonjean, sénateur.)

> La nature va se dévorant elle-même; tout vit de proie. MICHELET (*l'Insecte*).

> . . . . Entre nos ennemis,
> Les plus à craindre sont souvent les plus petits.
> (LA FONTAINE (*le Lion et le Rat*).

PREMIÈRE PARTIE

LES INSECTES AUXILIAIRES

ORDRE Ier. — COLÉOPTÈRES.

Quatre ailes, dont les deux supérieures, plus ou moins dures et cornées, appelées *élytres*, embrassent, sous forme d'étui, la plus grande partie du corps et recouvrent deux ailes membraneuses, transparentes et repliées pendant le repos; tête portant deux antennes de forme et de grandeur variables ; yeux à facette, bouche munie de deux mandibules et de deux mâchoires ; six pattes ; métamorphose complète (1). — Genres principaux : *Carabe, Cerf-volant, Hanneton, Cantharide, Coccinelle* ou bête à Dieu.

I. — CARNASSIERS TERRESTRES.

1. *Cicindélides.*

Au premier rang des Coléoptères carnassiers se place, par suite de l'agilité et de l'organisation si compliquée des membres qui la composent, la famille des *Cicindélides*, renfermant, d'après l'expression de Linné, *les tigres des insectes.* Parmi les quelques espèces indigènes qu'elle renferme se trouve la brillante *Cicindèle champêtre* (Cicindela campes-

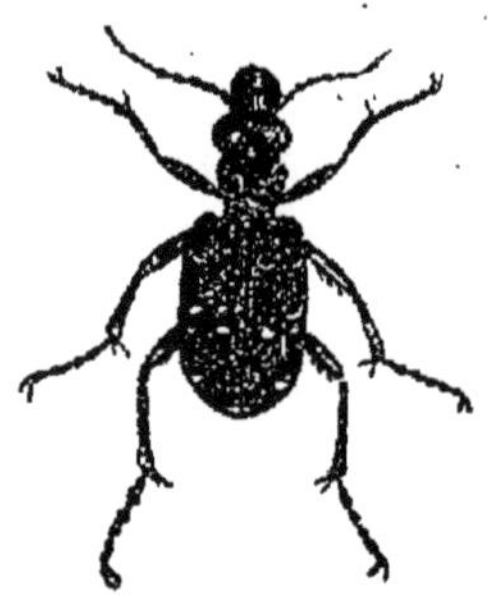

Fig. 1. — Cicindèle champêtre.

tris), dont le corps, d'un beau vert-clair en-dessus, parsemé de huit ou dix taches blanches tranchant

(1) Dans les métamorphoses complètes, l'insecte passe par différents états avant d'arriver à son entier développement.

En sortant de l'œuf, il est à l'état de *larve,* et ressemble à un ver ou à une chenille.

Après un certain temps, qui varie suivant les espèces, cette larve se transforme en *nymphe* ou *chrysalide,* devient immobile et ne

sur le fond, est porté sur des pattes longues et
grêles; il exhale une délicieuse odeur de musc ou
de rose. La tête forte, plus large que le corselet, est
armée de mandibules en forme de cimeterres garnis
de pointes et de dentelures aiguës. La Cicindèle détruit un nombre considérable de mouches et d'autres petits insectes qu'elle cherche, par la grande
chaleur du jour, dans les lieux exposés au soleil,
sablonneux et escarpés. Sa force, sa vivacité et la
légèreté de son vol viennent à son aide.

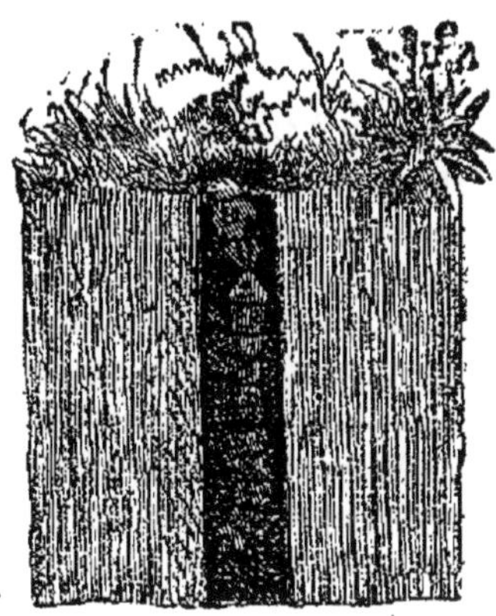

Fig. 2.— Larve de Cicindèle à l'affut.

La larve, employant la ruse, commence l'œuvre
de destruction que continuera plus tard, mais ouver-
tement, l'insecte parfait. Elle se cache, à cet effet,

prend aucune nourriture. Elle reste dans cet état pendant des mois
entiers et souvent même davantage; quelquefois elle est renfermée
dans une coque ou cocon qu'elle s'est filé; on la dit alors *envelop-
pée*, par opposition à la *nymphe libre*, qui est la règle chez les
coléoptères.

Enfin, quand tous ses organes sont arrivés à leur complet développement, l'insecte déchire son linceul, brise ses liens et s'envole
à l'état parfait au milieu des airs.

dans un trou cylindrique de dix centimètres de profondeur environ, souvent même davantage. Sa tête, plus large que le corps, dure et cornée, ferme cette espèce de tube, et quand une proie vient à passer sur ce terrain dangereux, elle s'en saisit et la dévore.

2. *Carabides.*

Immédiatement après les Cicindélides, l'importante famille des *Carabides* est celle qui mérite le plus d'avoir part à notre reconnaissance, car elle joue dans la classe des insectes le même rôle que les carnassiers parmi les mammifères.

Tous ses membres, même à l'état de larves, doués d'une activité incessante, sont obligés, par leur organisation, de vivre aux dépens des autres espèces.

La guerre est leur seule mode d'existence et le droit du plus fort le seul qu'ils reconnaissent. Ce sont de véritables gardes champêtres qui surveillent continuellement les jardins et les champs sans y commettre le moindre dégât, car ces intrépides chasseurs se contentent, pour prix des services qu'ils nous rendent, du corps de leurs victimes.

Dès lors, au lieu de les détruire comme on a l'habitude et le tort de le faire si souvent, il serait beaucoup plus avantageux de les conserver et de les utiliser comme moyen propre à protéger l'agriculture en détruisant les insectes qui lui sont si nuisibles. Ces insectes, importés et nourris dans les jardins (1), y rendraient les mêmes services que les

(1) Nous savons du reste que des essais de ce genre, tentés dans plusieurs localités, ont produit de bons résultats.

crapauds élevés maintenant par les maraîchers; et
il serait d'autant plus facile de les y conserver que
les Carabes volent peu et souvent même pas du tout,
ainsi qu'on le verra plus loin. Ces coléoptères, pour
la plupart d'assez grande taille, et dont les élytres
lisses quelquefois, mais le plus souvent rugueuses
ou striées, sont parées de couleurs métalliques très
brillantes, répandent par la bouche ou l'anus, quand
on veut les saisir, une liqueur noirâtre, âcre et
nauséabonde, mais aussi inoffensive que leur morsure redoutée à tort, puisqu'elle ne verse aucun
venin dans la petite plaie qu'elle fait.

Plusieurs d'entre eux se distinguent des autres
en ce qu'ils ne peuvent voler, leurs ailes supérieures
étant intimement soudées entre elles et ne recou-
vrant pas d'ailes membraneuses; par contre, ils
sont très légers à la course.

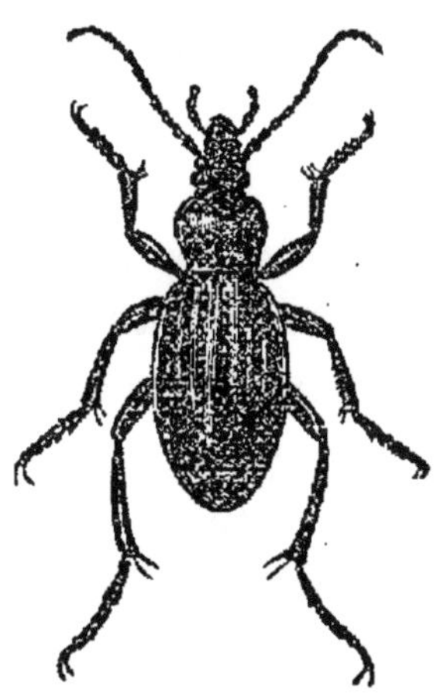

Fig. 3. — Carabe doré.

Citons, par exemple, le *Carabe doré*, vulgairement
appelé sergent, vinaigrier, couturière ou catheri-

nette, et le *Procruste chagriné* ou cheval du diable, le géant des Carabides de nos pays, d'un noir mat, très commun dans les vignes pendant l'automne et au printemps.

Ces insectes vivent solitaires et attaquent leur proie soit à force ouverte, soit en se mettant en embuscade pour la surprendre ; ils la déchirent ensuite avec leurs fortes mandibules tranchantes et aiguës que seconde merveilleusement la force musculaire de leurs pattes.

C'est nuit et jour, mais pendant la nuit surtout (ce qui empêche d'apprécier toute leur utilité), qu'ils font une chasse active et meurtrière aux escargots, limaces, lombrics ou vers de terre, hannetons et autres qui se nourrissent des jeunes pousses des plantes. Aussi, est-ce avec juste raison qu'on a donné le nom de *jardinières* à ces vigilantes petites bêtes qui se tiennent cachées pendant le jour, sous les pierres ou sous les feuilles. Leurs larves, très carnassières, ont le corps allongé, noir, légèrement coriace et muni de petites pattes et de deux filets bifides ; elles dévorent les limaces, les escargots, et surtout les *mans* ou *vers blancs du hanneton.*

Les espèces de CARABES les plus communes dans nos contrées, sont : le *C. doré* (C. auratus), d'un vert doré avec trois côtes proéminentes sur chaque élytre ; les antennes et les pattes sont jaunâtres ; le *C. à collier* (C. monilis), d'un vert bronzé, quelquefois complétement bleu ou noir et couvert de petits grains séparés entre eux ; le *C. à chaînettes* (C. catenulatus), semblable au précédent pour la ponctuation, mais noir et portant une large bordure bleue ;

enfin, le *C. pourpré* (C. purpurascens), plus allongé
que les précédents, également noir avec une bordure rouge, violette ou couleur d'or. Nous citerons
encore parmi cette grande famille des Carabides, le
Calosome, ce digne rival du Carabe, plus agile que
lui et aussi vorace qu'il est beau ; mais il vit solitaire
dans les bois et se tient habituellement sur les chênes
où il cherche des chenilles.

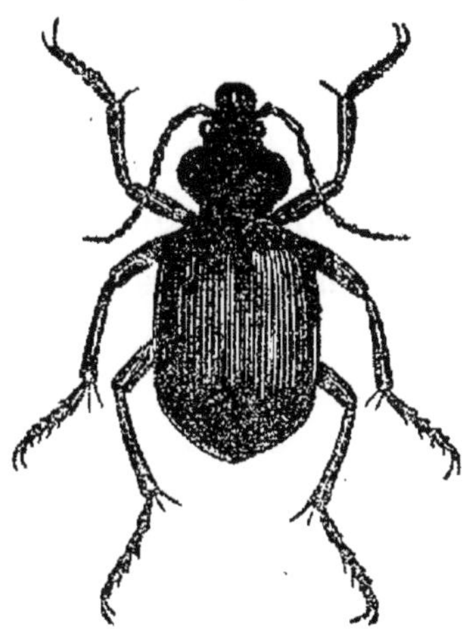

Fig. 4. — Calosome sycophante.

La larve du *C. inquisiteur* (Calosoma inquisito r
et surtout celle du *C. sycophante* (C. sycophanta),
dont la bouche est munie de fortes mandibules recourbées en croissant l'une vers l'autre, semblent
avoir été créées pour diminuer l'excessive multiplication des chenilles processionnaires qui causent de
si grands ravages aux chênes de nos forêts. Nous
lisons en effet, dans les mémoires de Réaumur
(t. II, ch. XI), qu'elle va s'établir dans le nid où ces
chenilles vivent en société sous une toile commune
et qu'elle en fait un horrible carnage.

Leur nom de *processionnaires* est dû à la singulière particularité qu'ont ces chenilles de marcher
en rang à la suite les unes des autres et dans l'ordre
le plus parfait.

Mentionnons encore *l'Elaphre uligineux* (Elaphrus
uliginosus) et *l'E. cuivreux* (E. cupreus) ayant une
certaine ressemblance avec les Cicindèles, et d'une
belle couleur bronzée; *la Nébrie à col court* (Nebria
brevicollis) au corps plat et noir, et la *N. arénaire*
(N. arenaria), belle espèce, d'assez grande taille,
dont les élytres d'un jaune clair sont rayées de noir.
Elle se rencontre dans le midi de la France, sur les
bords de la mer, et l'on trouve souvent quelques
individus de cette espèce aussi blancs que les sables
dans lesquels ils vivent.

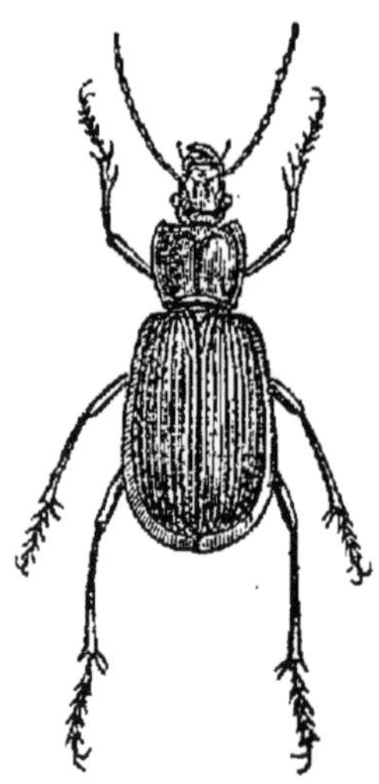

Fig. 5. — Chlœnie veloutée, grossie.

Les *Chlœnies* (Chlœnius vestitus, C. velutinus,
C. nigricornis), revêtues de belles couleurs métalli-

ques d'un vert brillant cerclé d'un large liseré jaune, habitent, comme les précédents, les endroits humides, sous les pierres et les débris de végétaux en décomposition. Leur corps répand une forte odeur alcaline. Les Chlœnies, ainsi que les Brachines, les Harpales et les Féronies dont nous allons parler, vivent en société, au contraire des autres Carabides qui vivent isolés.

Ces insectes ne font la chasse qu'aux petites larves et aux petits insectes nuisibles que dédaigneraient de plus gros carnassiers.

Le nombre de leurs espèces étant considérable, supplée ainsi à la faiblesse de chaque individu.

Leur taille est moyenne ou petite en général; leur corps oblong, le plus souvent noirâtre, est quelquefois d'un vert cuivreux ou d'un bleu métallique très brillant. Ils se réunissent sous les pierres et les mousses dans les endroits arides; souvent aussi ils grimpent sur les tiges des graminées pour y chercher leur proie.

Les BRACHINES ou *canonniers*, que l'on rencontre au printemps en troupes souvent fort nombreuses, se distinguent des autres genres par leurs élytres dont l'extrémité, coupée carrément, laisse plus ou moins à découvert le dernier segment de l'abdomen.

Ils n'échapperaient jamais à tous les dangers qui les menacent, sans la propriété particulière qu'ils ont de lancer par l'anus un liquide jaunâtre qui se vaporise au contact de l'air, en faisant entendre de petites détonations dont le nombre peut s'élever jusqu'à douze à de courts intervalles. Cette vapeur, produite surtout par les espèces méridionales, est

phosphorescente dans l'obscurité ; elle rougit le bleu
du tournesol et produit sur la peau, qu'elle brûle
légèrement, de petites taches d'abord rouges, puis
brunes, qui ne disparaissent complétement qu'après
plusieurs jours.

Ces crépitations ont valu aux Brachines les noms
de *B. à explosion* (B. explodens), *B. pétard* (B. cre-
pitans), *B. pistolet* (B. sclopeta).

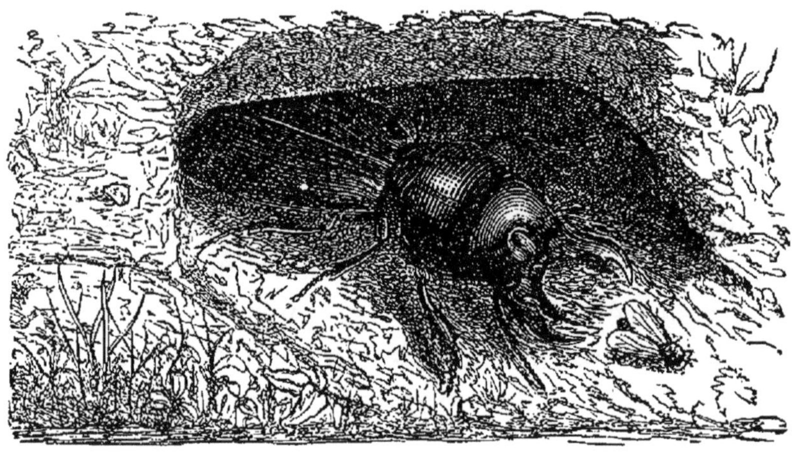

Fig. 6. — Scarite géant à l'affût.

Le SCARITE géant (Scarites gigas) a la tête armée
d'une façon redoutable. Cet insecte, assez commun
dans le midi, se blottit dans son trou d'où il guette
sa proie.

Les HARPALES, les AMARES au corps ovalaire et
métallique, et les FÉRONIENS, vivent à terre. On les
rencontre dans les bois, sur les chemins, sous les
pierres, les décombres, au milieu des champs et
des jardins. Quelques-uns sont ornés de vives couleurs vertes ou bronzées, tous les autres sont noirs.

Leurs larves dévorent les chenilles et surtout les
œufs des courtilières ou taupes-grillons dont les ravages sont si connus des jardiniers. L'un d'eux, le
Sphodre aux yeux blancs (Sphodrus leucophthal-
mus), reconnaissable à son corselet en forme de
cœur, est assez grand et complétement noir; on le
rencontre dans les caves, celliers et autres endroits
obscurs où il vit de cloportes, mais plus particu-
lièrement des larves du ténébrion de la farine.

Signalons, en terminant, la nombreuse tribu des
Bembidions, qui renferme de très petits insectes
d'une voracité excessive et courant avec une grande
agilité sur le bord des ruisseaux et des mares ; leur
corps plat et de couleur brune est parsemé de taches
jaunâtres.

Nous mentionnerons enfin, plutôt par intérêt que
par l'utilité qu'on pourrait en retirer, les Carabides
aveugles dont on connaît seulement une trentaine
d'espèces habitant les grottes ou les cavernes des
Alpes et des Pyrénées. Ces insectes, fort jolis,
passant leur vie au milieu des ténèbres, sont privés
d'yeux, dont l'usage leur serait tout à fait inutile.
Comme compensation, leurs antennes, organes du
tact, sont très développées et leur permettent de
sentir et d'atteindre facilement leur proie. Ces insectes sont très petits et n'ont que quelques millimètres de longueur pour la plupart.

3. *Brachélytres.*

Les *Brachélytres*, ainsi appelés à cause de leurs
élytres tronquées, beaucoup moins longues que le

corps qu'elles recouvrent à peine à moitié, comme
un vêtement trop court, sont aussi carnassiers que
les Carabides et rendent les mêmes services. Aucun
individu de cette nombreuse famille, aux couleurs
sombres en général, n'est nuisible ; les uns vivent
de matières végétales ou animales en décomposition, tous les autres se nourrissent de proie vivante.

Citons, entre autres genres, le plus important,
celui des STAPHYLINS, vulgairement appelés *diables*,
et plus intrépides que gloutons. On les rencontre
sans cesse et partout ; mais pendant la journée, ils
se tiennent cachés sous les pierres ou dans les
mousses. Ils ne quittent guère leur retraite que la
nuit, pour aller à la recherche de leur nourriture.
Pleins d'assurance en leurs propres forces, ils sont
toujours prêts à attaquer les premiers. Du reste,
leur conformation les aide merveilleusement dans
l'accomplissement de leur mission ; en effet, outre
les armes acérées dont leur bouche est munie, leur
abdomen allongé, qu'ils relèvent à volonté au-dessus
du dos à la moindre alarme, porte deux vésicules
blanches remplies d'une liqueur caustique qui leur
sert à se défendre, et leur vol est léger.

Ils nous rendent de grands services, surtout en
cherchant, sous l'écorce et dans les plaies des arbres, les insectes qui s'y retirent pour y causer des
dégâts irréparables. Ce sont eux qui arrêtent en
grande partie les ravages que fait à *nos pays vigno-
bles* la *Pyrale de la vigne,* qui pond environ cent
cinquante œufs, d'où sortent autant de petites chenilles qui passent l'hiver sous l'écorce pour dévorer, au printemps, les bourgeons et les feuilles.

Le *Staphylin* ou *Ocype odorant* (Ocypus olens), le plus grand de tous, d'un noir mat, aux élytres courtes, finement pointillées et garnies de poils très fins, exhale une forte odeur de pomme de reinette.

Fig. 7. — Ocype odorant.

Parmi d'autres espèces aussi communes, nous trouvons le *S. erythroptère* (S. erythropterus), également noir, avec les élytres et les pattes rouges; l'*Ocype bleu* (O. cyaneus), noir teinté de bleu, et les espèces du genre *Philonthe*, dont les larves sont encore plus carnassières que les insectes parfaits.

Les plus petits Brachélytres, les PSÉLAPHIENS, dévorent des insectes imperceptibles, tels que les acarus et autres qui vivent aux dépens des végétaux. Quelques-uns se rencontrent aussi dans les fourmilières.

4. *Clavicornes.*

Cette famille renferme de précieux auxiliaires, parmi lesquels nous citerons les *Boucliers* ou *Silphes*, dont une espèce, le *Silphe à quatre taches noires* (Silpha quadripunctata) poursuit les chenilles sur

les arbres. Les *S. thoracique* (S. thoracica) et *S. lisse*
(S. lævigata) s'attaquent aux escargots et aux limaces, quoiqu'on les prenne quelquefois sur les
petits cadavres d'animaux.

D'autres genres de Clavicornes rendent, malgré
leur petite taille, de véritables services à la sylviculture. Ces espèces appartiennent aux tribus peu
connues des Mycétophagiens et des Cucujiens et
se rencontrent en nombre considérable sous les
écorces et dans les troncs d'arbres coupés. Pendant
longtemps on les a regardés comme nuisibles, mais
on a fini par reconnaître que ces Coléoptères, pres-

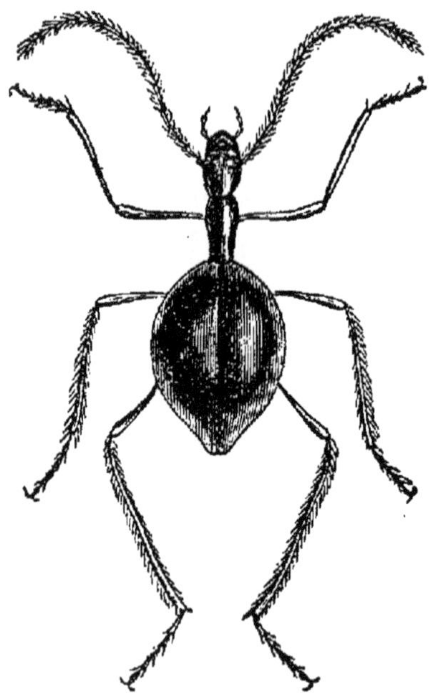

Fig. 8. — Leptodère de Hohenwart, grossi.

que imperceptibles, étaient essentiellement carnassiers et cherchaient dans les fissures du bois, où ils
pénètrent facilement à cause de l'excessive dépres-

sion de leur corps, les larves des Scolytes et des autres insectes qui causent aux bois des forêts ces dégâts que l'on déplore trop souvent.

Citons, parmi les plus communs, les genres *Lœmophlés*, *Bitomes*, *Lyctes* et *Lathrides*.

Enfin, quelques espèces assez rares vivent dans les fourmilières où elles se nourrissent probablement des larves de différents Coléoptères.

Parmi les Clavicornes aveugles qui vivent dans les grottes comme les Carabides dont nous avons parlé, l'un des plus beanx est le *Leptodère de Hohenwart* (Leptoderus Hohenwarti), que l'on trouve sur les stalactites.

5. *Pectinicornes.*

Les *Lucanes* ou *Cerfs-Volants*, si connus de tout le monde à cause de leur grande taille et du développement considérable de leurs mandibules, ne devraient pas être compris parmi les insectes carnassiers, car leur nourriture végétale consiste dans la séve des plantes et le suc qui découle des plaies des arbres ; quelquefois aussi ils s'attaquent aux feuilles et aux bourgeons. Si nous croyons devoir les mentionner, c'est que plusieurs entomologistes, parmi lesquels nous citerons MM. Th. Lacordaire, Chevrolat et Westwood, ont remarqué qu'ils dévoraient souvent les chenilles et même quelques Coléoptères.

Fig. 9. — Lucanes, mâle et femelle, larves et nymphes.

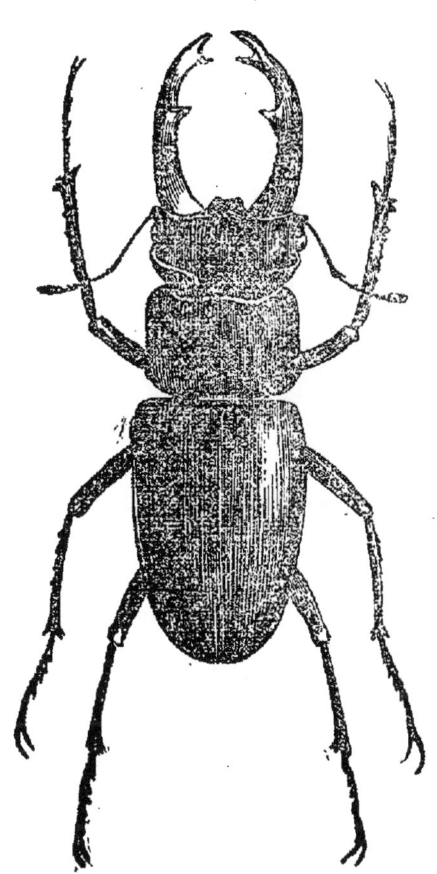

Fig. 10. — Lucane cerf-volant.

6. *Sternoxes.*

La famille des *Sternoxes* ou *Serricornes* renferme beaucoup d'insectes nuisibles à l'agriculture sous

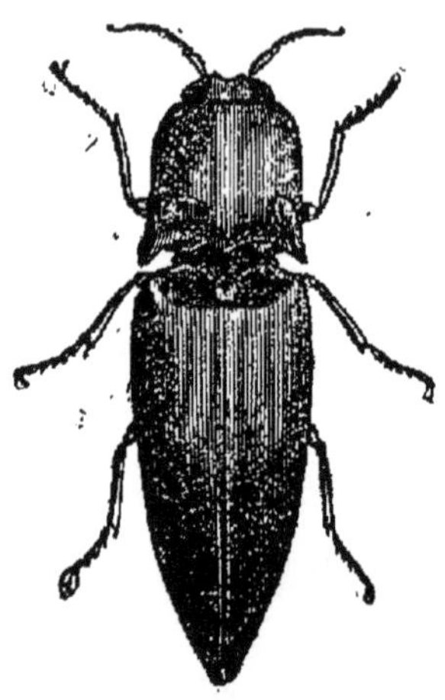

Fig. 11. — Taupin maréchal, grossi.

leur état de larves qui vivent dans les tiges ou les racines. Cependant, les ELATÉRIDES ou TAUPINS, connus par les anciens naturalistes sous le nom de *Maréchaux* ou *Scarabées à ressort*, se nourrissent en général de proie vivante. C'est d'après les savantes et sérieuses observations de MM. Léon Fairmaire, Dr Laboulbène, en France, et Kawal, en Allemagne, que l'on sait maintenant quel est leur genre de vie ; jusque-là on les avait crus phytophages, parce qu'on les trouve souvent sur les feuilles ou les fleurs.

Tout le monde connaît ces insectes, que les enfants s'amusent à renverser sur le dos pour les voir se relever aussitôt. L'extrême brièveté de leurs pattes filiformes ne leur permettrait pas de se retourner, si la nature ne les avait doués d'une organisation toute spéciale, leur permettant de faire le saut de carpe. Pour sauter ainsi à quatre ou cinq

Fig. 12. — Taupin se disposant à sauter.

Fig. 13. — Taupin, mécanisme du saut.

centimètres, le *Taupin* contracte ses pattes en les serrant contre son corps ; au même instant, il se cambre ou s'arcboute en s'appuyant à terre par la tête et l'extrémité du dos, puis il se débande tout-à-coup ; alors, le corselet, la tête et le dos se heurtant avec force contre le sol, contribuent par leur élasticité à faire élever perpendiculairement le corps de l'insecte, qui se retourne en l'air et retombe sur ses pattes.

Une espèce d'Amérique, le *T. lumineux* ou *porte-feu* (Pyrophorus noctilucus), est phosphorescente. Les naturalistes rapportent que la lumière produite par un de ces insectes, long d'un pouce et demi, est assez vive pour qu'on puisse lire ou marcher à sa seule clarté. Cette phosphorescence est due à la combustion lente d'une matière particulière sécrétée par l'animal, qui peut à volonté augmenter ou diminuer la lueur, de même que le ver luisant dont nous allons bientôt parler.

« A la Havane, au Mexique, on voyage beaucoup la nuit, pour échapper à la chaleur. Mais on n'oserait s'engager dans les ténèbres peuplées de profondes forêts, si les insectes lumineux ne rassuraient le voyageur. Il les voit briller au loin, danser, voltiger. Il les voit de près, posés sur les buissons à sa portée. Il les prend pour l'accompagner, les fixe sur sa chaussure pour lui montrer son chemin et pour faire fuir les serpents. Mais quand l'aube se fait voir, reconnaissant et soigneux, il les pose sur un buisson. C'est un doux proverbe indien : « Emporte la mouche de feu, mais remets-là où tu l'as prise (1). »

7. *Malacodermes.*

Le *Drile jaunâtre* (Drilus flavescens), l'ennemi juré des limaçons ou escargots, entre dans leurs coquilles pour les dévorer. Il mange ainsi, à l'état de

____

(1) Michelet, *l'Insecte.*

larve, plusieurs de ces mollusques et se change en nymphe dans la coquille de sa dernière victime.

Le Drile parfait, qui se reconnaît à son corps allongé et déprimé, à sa tête, plus large que le corselet, munie d'antennes en forme de peigne, et à ses élytres jaunâtres et très flexibles, ne se nourrit que du suc des fleurs. La femelle, qui est aptère, c'est-à-dire sans ailes, et trois ou quatre fois plus grosse que le mâle ailé, ressemble beaucoup à celle du *Lampyre* ou *ver-luisant* (Lampyris noctiluca), qui fait briller dans l'herbe, pendant les belles nuits d'été, une lueur phosphorescente, sorte de flambeau d'amour que la nature lui a donné pour éclairer et attirer le mâle pourvu d'ailes, qui voltige dans les airs à la recherche de cette lumière.

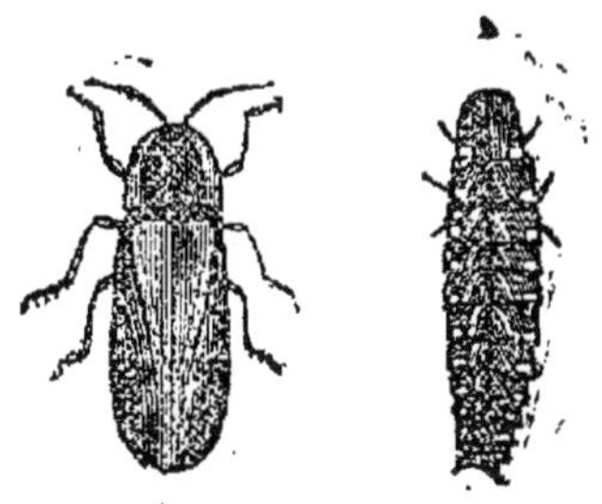

Fig. 14. — Lampyres, mâle et femelle.

A l'état parfait, les Lampyres, dont la vie est assez courte, comme celle des Driles, — quelques jours seulement, — se nourrissent de matières végétales, dégâts fort peu graves en présence des utiles services rendus par leurs larves, qui vivent plusieurs années et sont très carnassières. Elles détruisent, d'après M. Arsène Maille, les mollusques terrestres si nuisibles aux plantes.

Voisins des Driles et des Lampyres, les TÉLÉ-
PHORES, au corps mou, aplati et un peu déprimé, se
rencontrent en grand nombre sur les fleurs pendant
l'été. Presque tous sont tellement carnassiers, qu'ils
se dévorent quelquefois entre eux; leurs larves
vivent des vers de terre et des autres petits animaux qu'elles peuvent saisir.

Il en est de même des MALACHIES, qui ne se nourrissent jamais de matières végétales. Ces jolis insectes, aux élytres vertes, font sortir des côtés de
leur corselet et de leur abdomen, quand on les tour-
mente, de petites vésicules ou cocardes jaunes ou
rouges, suivant les espèces, et destinées, d'après
M. Brullé, l'honorable doyen de la Faculté des
sciences de Dijon, à effrayer les autres insectes qui
voudraient les attaquer.

8 et 9. *Térédiles* et *Ténébrionides*.

Plusieurs espèces appartenant aux familles des
Térédiles et des *Ténébrionides*, rendent à l'agriculture et à la sylviculture des services d'un autre
genre; c'est pourquoi nous les mentionnons ici.

Ces insectes, comprenant les tribus des CISSIDES,
des BOLITHOPHAGES, des DIAPÉRIDES et autres, vivent
dans les bolets, et leurs fonctions consistent à détruire ces champignons parasites qui croissent sur
les arbres aux dépens de ceux-ci.

10. *Sécuripalpes* ou *Aphidiphages*.

Cette famille, la dernière de l'ordre des Coléoptères, ne renferme que quelques genres; mais les
espèces, et surtout les variétés qui les composent,

sont excessivement nombreuses et rendent de grands services aux jardiniers et aux agriculteurs.

Ces auxiliaires, que l'on ne saurait trop épargner, sont les COCCINELLES, dont les insectes parfaits ainsi que les larves, appelées par Réaumur *vers mangeurs de pucerons*, saisissent sur les branches et sur les feuilles des arbres les pucerons, ces ennemis terribles des plantes. Aussi, le savant auteur de l'*Essai d'entomologie horticole*, M. le Dr Boisduval, engage-t-il ceux qui ont des serres chaudes ou tempérées à y élever des Coccinelles qui livreront une chasse incessante aux pucerons et aux larves de Thrips, si nuisibles aux orchidées et aux plantes exotiques, mais d'une si petite taille que les horticulteurs les mieux exercés ne sauraient les détruire.

Une espèce de Coccinelle, la *C. argus* ou *à onze points* (Epilachna argus), se nourrit de feuilles ; cependant nous ne devons pas moins la ménager que les autres, car la plante qu'elle dévore, la bryone dioïque, vulgairement appelée navet du diable, est l'une des plus nuisibles qui croissent dans les jardins.

La Coccinelle, si précieuse pour les jardiniers, qui lui ont donné, par reconnaissance de ses services, les noms de *bête à Dieu, vache à Dieu, insecte de la Vierge*, etc., est sacrée pour les enfants, qui l'ont prise sous leur protection et l'appellent *tortue, petit bœuf, maréchal*, etc., etc.

II. — COLÉOPTÈRES AQUATIQUES.

Nous venons d'étudier rapidement les Coléoptères que nous rencontrons chaque jour le long des chemins ou dans les champs ; mais, à côté de ces bri-

gands terrestres, il est d'autres insectes, terreur des
habitants des eaux, qui ont la plus grande analogie
avec les Carabides, et auxquels la nature a donné
une structure propre à leur genre de vie. Leur corps,
d'un ovale allongé en forme de vaisseau, convexe
en dessus, tranchant sur les bords, est muni à l'ar-
rière de deux pattes larges, garnies de poils serrés,
aplaties en forme de rames et très propres à la na-
tation; leur tête grosse, enfoncée dans le corselet,
est armée de fortes mandibules et porte des yeux
arrondis et très saillants.

Les larves de ces insectes, ternes et presque trans-
lucides, sont aussi extrêmement carnassières.

1. *Hydrocanthares.*

Les plus voraces de ces corsaires, les DYTISQUES,
vulgairement appelés *poules d'eau*, d'un vert olive
bordé de jaune, ont une forme lourde et épaisse;
leur taille, assez grosse chez quelques-uns, varie,
suivant les espèces, de un ou deux millimètres à
trois ou quatre centimètres; les élytres, ou ailes supérieures des femelles, sont cannelées aux deux tiers
de leur longueur; celles des mâles sont lisses.

Ils font une chasse continuelle aux autres insectes
aquatiques qu'ils saisissent avec leurs pattes antérieures, comme avec des mains, pour les porter à
leur bouche et les dévorer; leurs larves sont au
moins aussi carnassières qu'eux.

Non contents de purger les eaux des milliers
d'insectes qui y pullulent, on les voit quelquefois, à
la nuit tombante, chercher leur proie sur terre le
long du rivage. La faculté de voler, qu'ils possè-

dent, leur sert seulement à changer de place, surtout quand l'eau de leur retraite vient à se retirer.

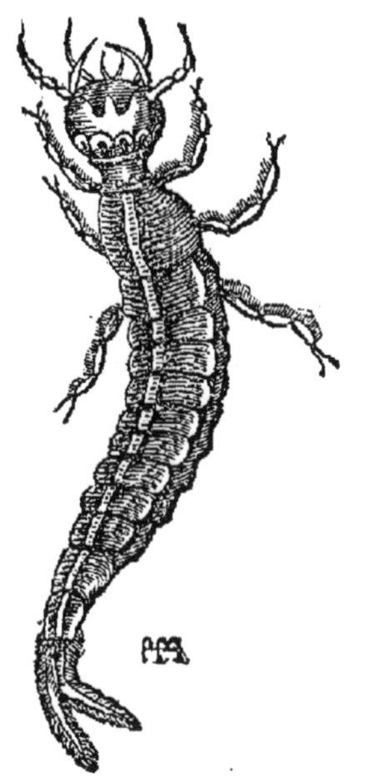

Fig. 15. — Larve de Dytisque.

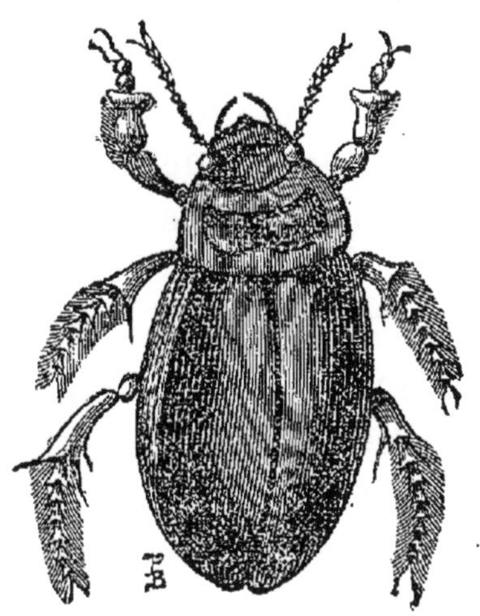

Fig. 16. — Dystique marginal.

Leur vol, comme celui d'un grand nombre de Coléoptères, est trop lourd pour leur permettre de poursuivre les autres insectes au milieu des airs.

Les GYRINS (Gyrinus natator) ou *tourniquets*, qui vivent en troupes nombreuses dans les eaux courantes et surtout dans les petits ruisseaux, ont des mâchoires très aiguës et ciliées en dedans pour ne laisser rien échapper. Leurs yeux sont divisés ne deux parties, de sorte qu'il y en a réellement quatre : deux situés sur le front et deux correspondants en dessous, ce qui leur permet de voir tout à la fois leur proie dans l'eau et leurs ennemis dans l'air.

Les mœurs carnassières de ces petits insectes sont parfaitement secondées par leur vivacité.

Ce nom de *tourniquet* que leur a donné Geoffroy, le vieil auteur de la description des insectes des environs de Paris, est dû aux mouvements circulaires qu'ils exécutent avec une si grande vitesse, que l'œil a peine à suivre ce petit corps bronzé et brillant au soleil comme une perle ou un grain d'acier poli.

Les Gyrins, vulgairement appelés aussi *puces d'eau*, volent bien, mais rarement, et seulement lorsqu'ils veulent aller d'une mare à une autre.

2. *Palpicornes.*

Tous ces insectes sont d'une voracité excessive qui se retrouve également chez l'*Hydrophile brun* (Hydrophilus piceus), dont la larve, appelée par Réaumur *ver assassin*, dévore les insectes aquatiques, les limaces, les petits mollusques, et surtout les Lymnées et les Paludines des étangs dont elle est très friande. Malheureusement, elle ne borne pas là son appétit carnassier, car trop souvent elle mange le frai du poisson.

Quant à l'insecte parfait, le plus grand de nos Coléoptères, il se contente, pour sa nourriture, des plantes aquatiques commençant à se décomposer; quelquefois aussi, quand la faim le presse, il s'attaque aux limaces et auxl arves aquatiques.

Ces insectes offrent une particularité remarquable qu'on ne retrouve chez aucun autre individu à l'état parfait. Quand vient le moment de la ponte, les femelles filent au moyen de deux filières placées à l'extrémité de l'abdomen, une espèce de nid ou de coque de soie attachée à une feuille qu'elles ont eu le soin de courber en deux, puis elles y déposent leurs œufs au nombre de soixante environ.

Citons, enfin, les HÉLOPHORES, petits insectes de forme allongée, au corselet verdâtre ou doré, et aux élytres creusées de nombreuses stries. Mal conformés pour nager, ils se tiennent sur les plantes aquatiques ou sur la vase au fond de l'eau, et remontent de temps en temps à sa surface. Ils agitent sans cesse, pour attirer leur proie, deux petits filets appelés palpes et placés près de la bouche. Schrauck et beaucoup d'autres naturalistes, prétendent qu'ils se nourrissent des larves d'autres insectes, et les empêchent, par là même, d'arriver à leur dernière métamorphose et de se multiplier. Cependant, M. Mulsant pense qu'ils sont Phytopbages.

Lorsque les insectes aquatiques dont nous venons de parler (à l'exception des Hélophores qui vivent toujours dans l'air) ont besoin de respirer, ils cessent tout mouvement. Aussitôt, leur corps, plus léger que le milieu dans lequel il se trouve, remonte à la surface, la tête en bas, et l'abdomen, qui renferme les stigmates ou appareils respiratoires, se trouve placé hors de l'eau. A ce moment, l'insecte soulève ses ailes cornées, ce qui permet à l'air d'arriver dans les trachées ou longs vaisseaux placés de chaque côté du corps dans lequel ils envoient une infinité de ramifications.

ORDRE II. — ORTHOPTÈRES.

Insectes se rapprochant des Coléoptères par la forme de leur bouche et quelques-unes de leurs habitudes, mais s'en éloignant essentiellement par leur métamorphose. — Elytres ou ailes supérieures molles ou moins dures que chez les Coléoptères, et chargées de nervures plus ou moins saillantes ; ailes inférieures très veinées, pliées dans le sens de leur longueur en forme d'éventail pendant le repos, et ornées de vives couleurs ; bouche propre à la mastication, munie de deux mandibules et de deux mâchoires ; six pattes ; métamorphose incomplète ou demi-métamorphose (1). Cet ordre se divise en deux sections : 1° les *Coureurs*, ayant les pattes propres à la course, comme les Coléoptères ; 2° les *Sauteurs*, ayant les pattes postérieures beaucoup plus longues que les autres et leur permettant de sauter. Types principaux : *Perce-Oreilles, Blattes, Mantes, Grillons.*

Les insectes de cet ordre vivent le plus souvent de matières végétales fraîches ou en décomposition. Quelques-uns cependant, que nous allons citer, sont

(1) La demi-métamorphose consiste dans le développement, à chaque mue ou changement de peau, de la taille, des élytres, des ailes et des organes reproducteurs qui n'existent pas encore chez le jeune insecte sortant de l'œuf. Citons pour exemple la *Punaise des bois*, les *Sauterelles*, les *Blattes* et les *Grillons.*

carnassiers, et se font remarquer en général par les formes les plus bizarres.

A la section des *Coureurs* appartient le genre des *Forficules,* vulgairement appelées *Perce - Oreilles.*

Fig. 17. — Perce-oreilles.

Ces insectes, complétement inoffensifs, inspirent une grande terreur causée par la ressemblance des cro-chets qui terminent leur abdomen avec les pinces dont se servent les médecins ou les bijoutiers pour percer les oreilles des enfants ; ces crocs, qui n'ont rien de dangereux, ne servent qu'à retenir le petit animal dans sa chute. Les Forficules, à l'état adulte, sont d'une grande voracité qui les pousse parfois à s'entre dévorer.

Ces insectes couvent avec les plus grands soins une vingtaine d'œufs grisâtres déposés dans une sorte de petite corbeille ou de nid fait avec quelques feuilles sèches entrelacées ; puis la femelle, de même que la poule, conduit ses petits à la recherche de leur nourririture, dans les meilleurs endroits et sur-tout au milieu des pucerons.

Dans la section des *Sauteurs* se trouve la tribu

des MANTIENS ou *Spectres*, d'un aspect singulier et fantastique. On les rencontre surtout dans les pays méridionaux, quoiqu'ils ne soient pas rares aux environs de Paris.

Les *Mantes* se reconnaissent à leur corps plat, élancé, d'une couleur verdâtre ou d'un jaune brun; à leurs ailes veinées de nombreuses nervures embrassant les côtés du corps et à leurs pattes antérieures d'un développement considérable. Ces pattes, qu'elles agitent d'une manière étrange, sont admirablement disposées pour saisir une proie; car les jambes, qui sont un peu arquées, se replient contre les cuisses garnies d'épines acérées, et constituent une pince qui retient avec force les insectes dont la Mante s'est emparée. Elle passe des heures entières à attendre patiemment, sur les buissons exposés au soleil, le passage de ses victimes qu'elle attrape au vol avec beaucoup d'adresse.

Les femelles déposent leurs œufs dans une coque, sorte de nid, d'une substance feuilletée, à plusieurs loges, friable et collée sur les pierres ou après les branches des arbres.

La singulière attitude des Mantes à l'affût, restant immobiles, posées seulement sur les quatre pattes de derrière, ayant la tête relevée et les deux pattes de devant croisées ou dressées vers le ciel comme des bras, ressemble à celle d'une personne en prières. De là leurs noms de *Mante sainte*, *Mante religieuse*, *Mante prêcheuse*, *Mante prie-Dieu*, etc. On les appelle aussi *Devins*, parce qu'on s'est imaginé que, pendant leur longue extase, elles interrogent l'avenir.

Mouffet, qui écrivait au dix-septième siècle, rapporte que leur qualité essentielle est la charité, et que si un enfant égaré demande son chemin à l'une d'elles, celle-ci s'empresse de le lui indiquer en étendant une de ses pattes dans la direction à suivre. Ce naturaliste ajoute gravement et avec une grande naïveté : « Cette petite bête est réputée si divine, « qu'elle ne se trompe jamais ou rarement. »

Bien avant lui, on regardait cet insecte comme sacré : maintenant encore, les Hottentots l'adorent comme une divinité bienfaisante, et vénèrent à l'égal d'un saint la personne sur laquelle il se pose.

En Chine, les enfants les nourrissent dans de petites cages de bambou.

Une espèce de Mantide, l'*Empuse*, qui a des mœurs également très carnassières, ne se rencontre qu'en Provence.

Citons encore le *Grillon champêtre* (Gryllus campestris) qui se nourrit d'une quantité considérable d'insectes. Les meurtres qu'il commet ne paraissent lui causer aucun remords, puisque, aussitôt après, il reprend son chant monotone que tout le monde connaît.

Nous n'avons rien à dire ici du *Grillon domestique* (Gryllus domesticus), plus étroit que le précédent et d'une couleur jaunâtre nuancée de brun cendré. Il n'est personne qui ne l'aime et ne le respecte, et dans un grand nombre de maisons, il est défendu de tuer ou même de déranger cet hôte du foyer qui ne demande qu'à ramasser les miettes de notre table.

Au moyen âge, alors que les animaux étaient depuis longtemps déjà sous la protection des hommes, celui qui tuait un grillon était traité d'impie, et la foi naïve de cette époque disait que des désastres épouvantables fondaient inévitablement sur la maison de ceux qui refusaient l'hospitalité à ce petit troubadour.

Ces insectes sont le plus généralement connus sous le nom de *Cri-Cri*, à cause du bruit particulier qu'ils font entendre, pendant la nuit surtout, en frottant très rapidement leurs élytres rugueuses l'une contre l'autre. Ce chant, si l'on peut l'appeler ainsi, n'est produit que par les mâles seuls, ce qui a fait dire avec malice à un poète comique de l'ancienne Grèce, Xénarque, parlant des Grillons : « Que vous êtes heureux, vous qui avez des femelles « silencieuses ! »

Quoique les *Courtilières* ou *Taupes grillons* (grillo-talpa) se nourrissent quelquefois de proie vivante et surtout de larves de hannetons, nous ne les mentionnerons point parmi les Orthoptères auxiliaires, à cause des dégâts considérables qu'elles occasionnent trop souvent dans les champs et surtout dans les jardins.

ORDRE III. — HÉMIPTÈRES.

Quatre ailes très veinées en général ; les supérieures d'abord coriaces, épaisses, et pour ainsi dire crustacées, vont en diminuant d'épaisseur jusqu'à l'extrémité qui est membraneuse comme les ailes de dessous ; dans quelques espèces, les quatre ailes sont à peu près semblables. Bouche consistant en un bec ou suçoir composé de trois ou quatre soies raides et pointues formant un tube qui se replie le long de la poitrine; l'insecte s'en sert pour percer les tissus des plantes ou la peau des animaux dont il veut sucer le sang ou la séve ; six pattes ; métamorphose incomplète.

Deux sections : 1° Celle des *Hétéroptères,* ainsi appelés parce que les ailes supérieures paraissent composées de parties différentes, coriaces d'abord, puis, tout à coup et sans transition, membraneuses, tels sont les *Réduves,* les *Punaises des bois,* etc. 2° La section des *Homoptères,* chez lesquels les quatre ailes sont semblables, c'est-à-dire de même consistance membraneuse : *Cigales, Pucerons.*

La *Cochenille femelle* et la *Punaise des lits* n'ont jamais d'ailes.

Ménageons et protégeons autant que possible un insecte de la famille des Géocorises ou *Punaises terrestres,* qui mérite plus que tout autre d'être appelé notre allié, à cause de la haine qu'il porte à nos plus terribles ennemis... la punaise des lits et la mouche commune que nous pouvons exécrer à bon droit.

Cet insecte, assez laid, oblong, brunâtre, aplati en dessus, qui vole le soir dans les maisons autour

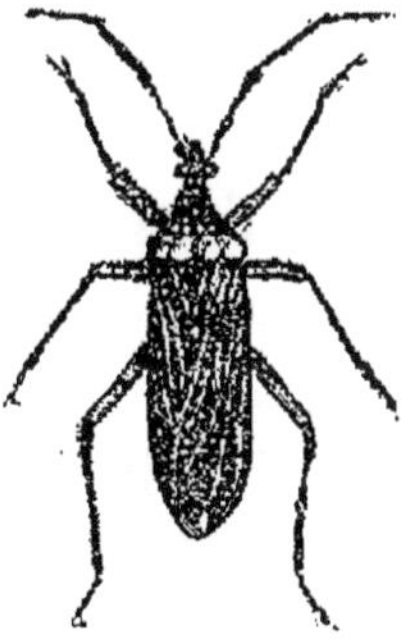

Fig. 18. — Réduve à masque.

des lumières, est le *Réduve à masque* (Reduvius personatus) ou *Punaise mouche* (de Geoffroy), carnassier par excellence, muni d'un bec acéré très robuste et piquant fortement.

Il emploie tour à tour la force, la ruse et sa légéreté pour surprendre et déchirer un plus grand nombre de victimes.

Sa larve, c'est-à-dire le jeune insecte encore dépourvu d'ailes, guette sa proie sous les meubles et dans les coins de nos habitations.

Pour mieux se dérober à la vue de ses ennemis qu'elle attend ainsi patiemment, elle a soin de remplir de poussières ou d'ordures les poils dont elle est couverte.

D'autres espèces de Réduves, bruns aux pattes et aux côtés de l'abdomen, noirs rayés d'un rouge vif, sont très communs dans les bois et d'une extrême voracité. Nous en avons vu souvent qui suçaient des chenilles et des insectes beaucoup plus gros qu'eux.

Enfin les *Punaises des bois* ou *Pentatomes* sont, pour la plupart, très carnasières. Parmi celles qui attaquent les insectes nuisibles, la *P. bleue* et la *P. verte* sont les ennemies acharnées de l'Altise des vignes.

Ces insectes nous rendent donc d'importants services dus à la prédilection toute particulière qu'ils ont pour les chenilles et autres insectes à corps mou dont ils sucent la substance. Malheureusement, leur forme lourde et peu gracieuse et l'odeur très repoussante qu'ils exhalent, surtout quand ils se sentent inquiétés, nous les font trop négliger. Cette vapeur très âcre, qui irrite aussi vivement les yeux que l'odorat et qui imprime sur la peau une tache brune persistant plus ou moins longtemps, est sécrétée par une sorte de glande ou de bourse placée à l'intérieur de l'abdomen ou du corselet, et sort par de petites ouvertures pratiquées sur la poitrine entre la seconde et la troisième paire de pattes.

Tous les insectes aquatiques appartenant à l'ordre des Hémiptères et connus vulgairement sous le nom de *Punaises d'eau* sont les HYDROCORISES, qui n'exercent leur œuvre de destruction que dans les rivières ou les étangs. Parmi les plus voraces, citons les *Hydromètres*, que Geoffroy appelait *Punaises-Aiguilles*, au corps noir, très étroit, linéaire et enduit, ainsi que les pattes, d'une matière grasse ou huileuse qui leur permet de courir avec la plus grande agileté et sans jamais enfoncer, sur l'eau qu'ils paraissent mesurer, ainsi que l'indique leur nom tiré du grec.

Les *Notonectes* ou *Punaises à avirons*, de Geoffroy, et la *Nèpe cendrée* montrent, sous leurs deux états, un grand courage en attaquant leur proie qu'elles percent et déchirent avec leur trompe. La *Nèpe*, de couleur cendrée, ayant le corps d'un ovale très déprimé, l'abdomen terminé par deux longs filets sétacés lui servant à respirer au fond de l'eau ou de la vase, et les pattes antérieures en forme de pinces toujours ouvertes, ressemble vaguement au scorpion : les anglais l'appellent *Scorpion d'eau*.

ORDRE IV. — NEVROPTÈRES.

Quatre ailes de même grandeur, nues, transparentes et à nombreux réseaux semblables aux mailles d'une fine dentelle, bouche munie de mandibules et de mâchoires; corselet svelte et tronqué ; tête grosse ; yeux saillants ; métamorphose complète.

Genres principaux : *Libellule* ou *Demoiselle*, *Ephémère*, *Fourmi-Lion*.

Tous les *Névroptères* sont pour nous d'utiles auxiliaires excessivement carnassiers ; pas une espèce ne s'attaque aux végétaux. Ils ne consomment pas leur proie à mesure qu'ils la déchirent, mais ils la triturent un certain temps et en font une espèce de pâte qu'ils avalent ensuite.

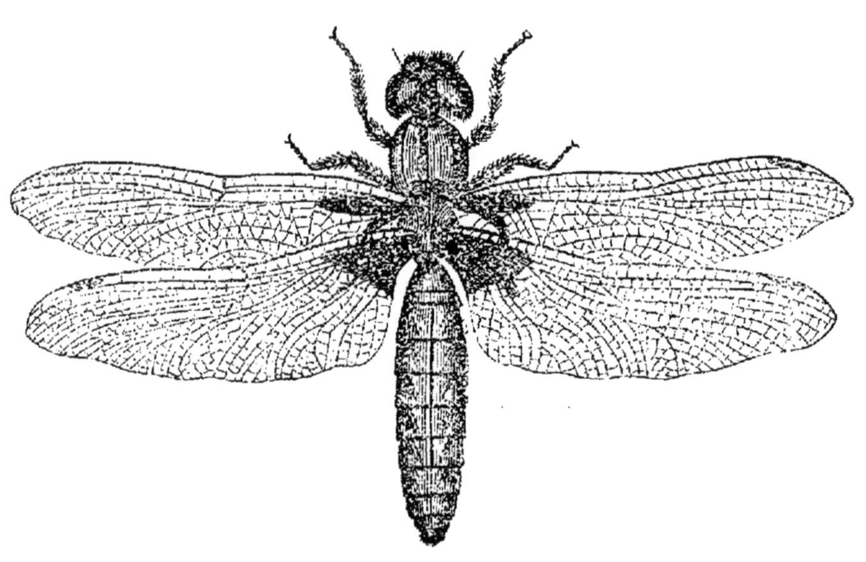

Fig. 19. — Libellule deprimée.

Le plus intrépide d'entre eux est la charmante *Libellule* ou *Demoiselle* qui, sous les dehors les plus gracieux et les plus innocents, cache des mœurs voraces et sanguinaires. Sa bouche, munie de pièces robustes, est armée de dents et de crochets redoutables ; ses mandibules sont pourvues également de dents acérées, et ses yeux énormes lui permettent d'embrasser tout l'horizon. La rapidité de son vol et l'extrême agilité de ses mouvements la rendent très propre au genre de chasse qu'elle emploie, et qui consiste à fondre avec la promptitude des oiseaux de proie sur les insectes quelle veut saisir. Aussi fait-elle un horrible carnage de mouches, de larves, de papillons, etc., dont le nombre est évalué à plus d'un mille par jour.

Ces habitudes voraces font appeler par les anglais *Dragon-Flies* (mouches-dragons), ces jolis insectes qui passent leur vie à tuer.

En France, où l'on s'attache plus facilement à ce qui séduit les yeux, on leur donne le nom de *Demoiselle* qui rappelle leurs formes élégantes et gracieuses, ainsi que la fraîcheur de leur parure qui ne le cède en rien à la beauté des papillons.

Les larves de la Libellule s'attaquent à divers insectes et à de petits mollusques ; leur lèvre, de forme concave, articulée sur le menton, se termine par une paire de palpes triangulaires dentés en scie et remplissant l'usage d'une pince.

L'*Hémérobe* (dont l'étymologie grecque signifie qu'il ne vit qu'un jour) est appelé aussi *Lion des Pucerons*. Il ne se nourrit que de ces dévastateurs de nos plantes et des petits insectes à peau molle. Comme les Coccinelles, ces autres mangeurs de pucerons, il répand une mauvaise odeur lorsqu'on le touche. Sa larve attaque aussi les chenilles.

L'Hémérobe, le plus petit des Névroptères, a les ailes gazées et d'un joli vert pomme qui enveloppent tout le corps ; ses yeux sont dorés ou d'un rouge vif ; les femelles pondent des œufs d'une forme un peu allongée et au nombre de dix ou douze, réunis en bouquets et placés chacun sur une petite tige blanche, de deux ou trois centimètres, attachée à la surface des feuilles de rosier.

Les *Raphidies* à tête triangulaire sont également fort carnassières sous leurs deux états, ainsi que les *Ascalaphes*, qui s'attaquent même aux grandes espèces de papillons si nuisibles aux plantes.

Les *Ephémères*, jolis Névroptères, ne vivent que quelques heures à l'état parfait; mais leurs larves et leurs nymphes, différant l'une de l'autre en ce que cette dernière a déjà des rudiments d'ailes, passent trois ou quatre ans à livrer dans la vase des marais une chasse active à tous les petits êtres qu'elles peuvent rencontrer.

La *Phrygane*, vulgairement appelée Caset, Charrée, Porte-Bois, est une sorte de papillon fauve, qui se rencontre à l'état parfait sur les herbes ou accrochée aux murs. Sa larve, aquatique, est excessivement carnassière et à de nombreux ennemis auxquels il lui serait impossible de résister sans la précaution qu'elle a de se construire une sorte de fourreau dans lequel elle se retire comme le limaçon dans sa coquille. Ce petit tube que l'on voit *marcher* dans le fond des petits ruisseaux, est composé de grains de sable, de brins d'herbe et d'une infinité d'autres matières que la petite larve attache après elle. Quand arrive le moment de se transformer en nymphe, elle ferme avec un léger tissu de soie son fourreau aux deux extrémités et le fixe sur une pierre ou après une plante aquatique.

Les *Myrméléons* ou *Fourmis-Lions*, qui ont pris

leur nom de celui de leurs victimes, détruisent surtout les fourmis, les mouches et les araignées. Cependant, ils sont moins voraces que les Libellules, auxquelles ils ressemblent par leur taille assez grande, et leur corps grêle est très long.

Les Myrméléons répandent une douce odeur de rose. Les larves, de couleur rosée sale, faciles à reconnaître à leur abdomen très volumineux et à leur petite tête armée de longues mandibules recourbées, pointues et dentées en forme de scie, emploient, pour se procurer leur nourriture, un travail laborieux et une patience à toute épreuve. Ces petits êtres, bien faibles si on les compare à leurs redoutables ennemis, sont d'autant plus obligés d'avoir recours à la ruse pour s'emparer de leurs victimes, qu'ils ne peuvent marcher qu'à reculons, quoique pourvus de six pattes.

Dans les terrains secs exposés en plein midi, au pied des murs et à l'abri de la pluie, ils s'enfoncent à reculons dans le sable le plus fin, en décrivant des spirales dont le diamètre diminue peu à peu; puis ils rejettent dehors le sable au moyen de leur tête aplatie, et se creusent ainsi de petits entonnoirs au fond desquels ils se blotissent et attendent patiemment, en ne laissant paraître que leurs mandibules semblables à deux longs crochets.

Quand une fourmi ou tout autre insecte vient à passer sur le sol mouvant de ce précipice, la larve lui jette par un brusque mouvement quelques grains du sable dont elle a eu la précaution de se couvrir le dessus de la tête faite en forme de pelle et mise en mouvement par un muscle d'une grande vigueur.

Cette poussière, sorte de petit volcan, retombe en forme de grêle sur l'imprudent voyageur et l'entraîne dans sa chute au fond de l'entonnoir où il devient la proie du Fourmi-Lion. Celui-ci, qui a souvent jeûné pendant plusieurs jours, suce alors le corps de sa victime au moyen de ses mandibules percées à l'intérieur d'un canal destiné à faciliter la succion, puis il rejette dehors la dépouille desséchée. Cette larve est très facile à élever en captivité, par exemple, dans un vase rempli de sable aux deux tiers. Aussi, M. le colonel Goureau, le savant auteur d'un traité sur les insectes nuisibles, pense-t-il qu'on pourrait se servir du Fourmi-Lion pour faire la guerre aux espèces dont on voudrait se débarrasser, en nourrissant sa larve dans une caisse de 20 à 25 centimètres de côté et de 15 de profondeur, remplie de sable et enfoncée à fleur de terre dans les jardins ou les serres.

ORDRE V. — HYMÉNOPTÈRES.

Quatre ailes nues, membraneuses, horizontales et à nervures cornées ; les deux ailes supérieures sont plus grandes que les inférieures ; mâchoires et lèvre inférieure souvent allongées en forme de trompe : abdomen tenant au corselet par un lien presque imperceptible, et muni, chez la femelle, d'une tarière ou aiguillon creux et rempli d'un liquide venimeux; métamorphose complète.

Types principaux : *Ichneumon, Fourmi, Guêpe, Abeille.*

Cet ordre nombreux nous fournit certains Insectes dont nous parlerons plus loin sous le nom d'INSECTES UTILES.

Cependant, quelques espèces d'Hyménoptères

étant de précieux auxiliaires pour l'agriculture, surtout en faisant périr près des 9[10 des chenilles,
nous devons mentionner ici ces insectes dont « le
« parasitisme, dit M. Léon Dufour, est une loi d'é-
« quilibration et de pondération qui a pour but de
« mettre un frein à la trop grande multiplication
« des individus d'une même espèce. »

SECTION 1re. — HYMÉNOPTÈRES TÉRÉBRANTS, FAMILLE DES PUPIVORES.

Les ICHNEUMONIDES, désignés par Réaumur sous le
nom de *mouches vibrantes*, à causes de leurs longues
antennes toujours en mouvement, sont faciles à reconnaître à leur corselet élevé, muni de quatre ailes
fines, transparentes et veinées, et à leur abdomen
lisse, peint de vives couleurs noires ou orangées.

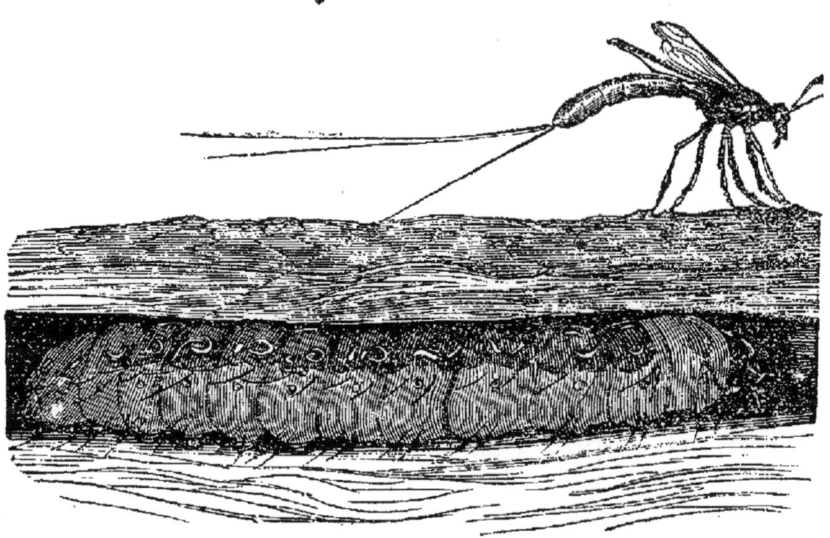

Fig. 20. — Ichneumon perforant une larve.

Les espèces, souvent d'une petitesse excessive,
qui composent cette famille, ont une nourriture ex-

clusivement végétale, et se détournent avec dégoût des proies vivantes qui leur ont servi de pâture dans leur premier âge. C'est donc à l'état de larves qu'elles détruisent les ennemis de nos plantes, en mettant un frein à la prodigieuse multiplication des papillons, ces ennemis de toute culture.

La femelle, sachant quelle va mourir en donnant naissance à ses enfants, retrouve, guidée par la flamme de l'amour maternel, le berceau qui a protégé les premiers instants de sa vie et lui a fourni la nourriture nécessaire à son accroissement. Voulant charger les insectes à peau molle et surtout les chenilles ou les larves de continuer sa maternité, elle va fureter de tous côtés et chercher ses victimes partout où elle espère les rencontrer, même dans l'intérieur de la terre ou sous l'écorce des arbres. Puis elle les poursuit, fond dessus avec une rapidité incroyable, les perce de part en part avec l'un des trois filets plus ou moins longs, suivant les espèces, que porte l'abdomen dans certains genres (1), et dépose un œuf au milieu de chaque blessure. La plaie se cicatrise bientôt, et on n'aperçoit qu'un petit point noir sur la chenille qui est dite alors *ichneumonée*. Les œufs, au nombre de trente environ, éclosent peu à peu et rongent l'intérieur de leurs victimes qui, nouveaux Prométhées, continuent à vivre sans se douter que leur sein renferme un germe de mort.

(1) Réaumur le premier a observé que de ces trois filets, deux creusés en forme de gouttière servent d'étui au troisième qui est la véritable tarière que l'Ichneumon peut introduire dans des corps très durs.

Cela provient de ce que les jeunes larves, instruites par un de ces secrets instincts que l'on admire sans les comprendre, n'attaquent aucun organe essentiel de leurs malheureuses nourrices et dévorent seulement les parties graisseuses. Plus tard, quand elles sont assez repues et assez fortes pour s'enfoncer dans la terre et s'y métamorphoser en insectes parfaits, elles quittent toutes à la fois le corps de leur proie qui ne tarde pas à mourir.

Quelques espèces ne ravagent pas tellement l'insecte dans lequel elles vivent, que celui-ci ne puisse se transformer en nymphe. Alors, nos parasites, après avoir laissé leurs victimes s'enfermer dans son enveloppe de nymphe, se métamorphosent à leur tour, et l'on voit avec étonnement sortir de la chrysalide d'un papillon, au lieu du papillon lui-même, un Ichneumon ou tout autre Hyménoptère.

Plusieurs des nombreuses espèces d'Ichneumons vivent ainsi en parasite dans le corps des pucerons et des kermès, et s'y transforment en nymphe après l'avoir complètement débarrassé des organes intérieurs.

D'autres, comme le coucou, déposent leurs œufs dans le nid de certains insectes que dévorent les larves qui en naissent.

LES CHALCIDITES, presque aussi nombreux que les Ichneumonides, ont le même genre de vie et rendent par conséquent les mêmes services à l'agriculture.

SECTION. II. — PORTE-AIGUILLONS, FAMILLE DES FOUISSEURS.

Les Scolies et les Sphèges sont très pacifiques et complètement inoffensifs, leur nourriture consistant, comme celle de tous les Hyménoptères à l'état parfait, à sucer le miel des fleurs; et si on les voit parfois s'attaquer à d'autres insectes, c'est pour pomper les sucs végétaux que ceux-ci ont absorbés.

Mais, quand vient pour la femelle de ces deux espèces l'époque de la maternité, elle devient cruelle et intrépide, car son instinct admirable lui révèle, à elle qui ne se nourrissait que de fleurs, les besoins de sa progéniture essentiellement carnassière, comme celle des Ichneumonides. C'est alors que cette mère prévoyante donne une chasse active à tout ce qui peut fournir une nourriture abondante à sa jeune famille, qu'elle ne doit jamais connaître. Elle s'attaque donc aux chenilles grasses et aux larves ou nymphes laiteuses et succulentes, qu'elle apporte en provision considérable dans le nid où ses œufs sont déposés au fond de petites cellules qu'elle referme ensuite hermétiquement, après quoi elle meurt.

Au moment où elle saisit sa victime, elle la pique de son aiguillon et laisse couler dans la plaie un venin (1) qui engourdit et frappe d'une paralysie incurable cette proie qui se conservera fraîche jusqu'à

(1) Ce venin est sécrété par les insectes au moyen de deux appareils situés de chaque côté du canal intestinal et se composant : d'un organe préparateur, d'un réservoir ou vessie et d'un canal excréteur.

ce que l'éclosion permette aux jeunes vers d'en faire leur pâture.

Quelques individus paresseux de cette famille, au corselet allongé couvert de petits poils, et à l'abdomen ovale attaché au thorax par un lien assez court appelé *pétiole*, déposent leurs œufs dans le nid d'espèces plus industrieuses, et donnent ainsi naissance à de petites larves qui dévorent les légitimes habitants d'un nid bien approvisionné, que ceux-ci possédaient par droit de naissance.

La provision faite par la mère pour chaque larve est de dix ou douze victimes (mouches, blattes, charançons, chenilles, etc.), et comme elle pond environ une dizaine d'œufs, c'est donc cent ou cent vingt insectes qu'elle détruit.

Les nombreux individus des deux familles précédentes étant appelés à rendre des services inappréciables à l'agriculture, en formant le contre-poids qui nous sauve de la famine, sont doués d'une si grande fécondité qu'ils peuvent facilement se rendre maîtres des plus fortes invasions de chenilles.

Citons aussi les Fourmis, regardées à tort comme un fléau et vouées par conséquent à tous les tourments et à une extermination complète. Qu'elles aient pour ennemis les ménagères et les confiseurs, nous le comprenons ; mais si parfois elles attaquent nos provisions ou les fruits de nos vergers qu'elles n'entament jamais, les jardiniers devraient, avant de les détruire, voir si la somme des dommages quelles nous causent n'est pas compensée par les services qu'elles nous rendent. Elles nous débarrassent, en effet, d'un grand nombre de petits insectes

et de chenilles qu'elles traînent dans leurs fourmilières, et qu'elles dévorent lorsque la sécheresse ou
le froid rendent rares le suc des fleurs et la miellée
des pucerons dont elles sont si friandes.

Ce sont elles encore qui nous révèlent la présence
sur certaines plantes de nos plus dangereux ennemis, les pucerons, qui, piquant à l'aide d'une trompe
ou d'un long bec les feuilles et les parties tendres
des végétaux, en pompent la sève, dont ils se nourrissent, et font ainsi périr les arbustes par suite de
leur excessive multiplication (1). La chasse active
que les fourmis leur livrent sur les rosiers, les arbres
fruitiers et sur d'autres plantes, a pour but de ca-
resser doucement ces hémiptères avec leurs antennes
et de recueillir, en la suçant, la matière sucrée et
mielleuse que ce chatouillement fait suinter de deux
poils, sorte de mamelles ou petits tubes placés à
l'extrémité de leur gros abdomen.

Aussitôt que les fourmis se sont emparées de ces
petits animaux qui leur servent de vaches ou de
brebis, elles les soignent avec des précautions infi-
nies, les emmènent pour les parquer dans un endroit frais et sain de leur habitation, et les condui-
sent de temps en temps au pâturage.

On voit par ce qui précède, qu'elles ne nuisent
pas aux plantes, et en général, on leur reproche
plus de dégâts qu'elles n'en commettent.

Du reste, un savant distingué, M. H. de la Blanchère, a dit en parlant d'elles : « l'hôte le plus habi-

---

(1) On a calculé qu'une femelle produisant chaque année dix générations de plus de cent individus chacune, donne ainsi naissance
à plusieurs centaines de millions de pucerons.

« tuel de la forêt, celui que rencontre à chaque pas
« le forestier et qu'il respecte comme un ami qui va
« jusqu'en haut des branches chercher la chenille
« ravageuse des forêts, c'est la fourmi et toutes ses
« variétés. »

Dans certaines contrées de l'Afrique occidentale,
les *fourmis* débarrassent le sol des insectes et des
matières putrescibles qu'elles trouvent sur leur chemin. La petitesse des espèces de nos pays nous
empêche de remarquer et d'apprécier les services
du même genre quelles nous rendent. Autrefois, les
Juifs utilisaient d'une autre manière ces insectes qui
étaient chez eux un instrument de supplice. Quand
ils voulaient punir les adultères, ils faisaient désha-
biller les coupables et les mettaient nus dans une
fourmilière. D'autres fois, ils les exposaient aux
piqûres d'un essaim d'abeilles.

Tout le monde connaît les mœurs cruelles, la
gourmandise insatiable et la piqûre brûlante des
Guêpes, des *Polistes* et des *Frelons*. Malgré cela,
nous devons cependant mentionner ici ces insectes,
qui se joignent aux autres espèces que nous avons
étudiées, pour accomplir avec elles l'œuvre de destruction que la nature leur a imposée, en leur donnant pour mission de réprimer les ravages que les
nombreux insectes herbivores ou phytophages causent à nos plantes. Tous, en effet, emportent dans
leurs nids des milliers de larves et de chenilles ; les
guêpes font aussi pour elles-mêmes une grande
consommation de sauterelles, des insectes qui se
nourrissent de matières sucrées ou végétales et de
ces mouches qui nous importunent dans nos appar-

tements et poussent le sans gêne jusqu'à venir
pondre sur nos aliments.

Ajoutons en terminant que les Hyménoptères ne
sont pas aussi dangereux qu'on le croit généralement, car l'expérience prouve qu'on peut les laisser impunément se promener sur la peau sans qu'ils
cherchent à piquer. Leur aiguillon, en effet, est
une arme dont ils ne se servent que pour se défendre et non pour attaquer, à moins qu'on ne les
inquiète en cherchant à les chasser.

ORDRE VI. — DIPTÈRES.

Deux ailes membraneuses, réticulées et étendues, au-dessous desquelles se trouvent deux petits balanciers représentant, d'après certains naturalistes, les ailes inférieures ; bouche
consistant en une trompe ou suçoir composé de pièces écailleuses ; six pattes grêles, allongées, à l'extrémité desquelles se
trouvent en général deux ou trois palettes vésiculeuses faisant l'office de ventouses, et permettant à ces insectes de marcher sur les corps les plus polis : antennes à trois articles ;
yeux simples, à facettes, très grands et envahissant assez souvent toute la tête ; métamorphose complète.
Genres principaux : *Cousin, Taon, Mouche commune.*

L'ordre des *Diptères* est peut-être l'un des plus
nombreux en espèces, et surtout en individus, que
l'on rencontre de tous côtés par myriades, fournissant une abondante nourriture aux oiseaux insectivores. Malheureusement, plusieurs de ces espèces
sont nuisibles à l'agriculture, à l'homme et aux animaux.

Les seuls genres, du reste fort nombreux en individus, qui nous donnent de véritables alliés, sont

ceux qui appartiennent aux deux tribus des TACHI-
NAIRES et des SYRPHIDES.

Les TACHINAIRES *ou Mouches tachines,* ressemblant
aux grosses mouches à viande, vivent aux dépens
des chenilles ; mais n'ayant pas de tarière comme
les Ichneumons, elles déposent leurs œufs sur la
peau ou au milieu des poils de leurs victimes ; puis
les jeunes vers ou larves entrent dans le corps de
ces malheureuses chenilles, et s'y transforment en
nymphes. Une de ces espèces, la *Sturmia atropi-
vora,* s'attaque principalement aux larves ou chenilles du Grand-Paon de nuit, et surtout à celle du
Sphinx à tête de mort (S. atropos), les unes si nuisibles aux arbres fruitiers, les autres aux plantations
de pommes de terre.

Les SYRPHIDES renferment une cinquantaine de
genres, également fort nombreux en espèces. Ces
mouches, d'assez grande taille, sont ornées de vives couleurs. Les *Volucelles* vivent à l'état de larves
dans les nids de guêpes, au préjudice de celles-ci
ou de leur progéniture. Une Volucelle, la *V. à bandes* (V. zonaria), pond ses œufs dans les cellules des
larves de guêpes ; les *Syrphides* ou *Vers à queue de
rat* vivent dans l'eau.

A l'état parfait, les insectes appartenant aux deux
espèces précédentes se nourrissent de pucerons,
dont ils sont au moins aussi friands que les Hémé-
robes.

Citons encore quelques grands Diptères, l'*Empis*
et les *Asiles* qui, éminemment carnassiers, se nourrissent de proie vivante à laquelle ils livrent, en
troupes nombreuses, une chasse très active au mi-

lieu des airs, et qu'ils saisissent au moyen de leur
pattes conformées pour ce genre de vie.

Après avoir ainsi indiqué les services que peuvent
rendre à l'agriculture et à l'horticulture les insectes
auxiliaires, nous ne pouvons nous empêcher d'ex-
primer avec M. H. de La Blanchère, écrivain aussi
habile que savant naturaliste, le désir de voir « l'hom-
« me DÉVELOPPER, par une intelligente protection
« et des soins efficaces, les agents destructeurs que
« dans son merveilleux système de transmutation
« la nature oppose toujours aux espèces envahis-
« santes; cesser, sous prétexte de chasse, de dé-
« truire niaisement les oiseaux insectivores par mil-
« liers , et apprendre surtout, le plus tôt possible,
« à discerner parmi les insectes ses amis de ses en-
« ennemis. »
« Le jour ne peut être loin » ajoute encore l'auteur auquel nous empruntons ces lignes (Trois rè-
gnes de la nature, *Lectures d'hist. nat.*) « où la
« nécessité, grande et fatale loi du progrès, forcera
« l'homme des champs et l'horticulteur à élever les
« Ichneumonides, les Chalcidites et les Scirpes en
« domesticité (comme il ne sait aujourdhui élever
« qu'un bien petit nombre d'insectes), et lui indi-
« quera le moment où il devra lancer ses cohortes
« armées à la rencontre des ennemis. Chaque prin-
« temps verra se renouveler alors les meurtrières
« batailles des animaux civilisés, contre les enva-
« hisseurs sauvages, et nul doute que la victoire ne
« demeure au bon droit; mais il ne faut pas se le

« dissimuler d'avance, ce résultat ne sera pas atteint
« sans de longs et persévérants efforts. »

DEUXIÈME PARTIE

LES INSECTES UTILES

On a souvent besoin d'un plus petit que soi.
LA FONTAINE, *le Lion et le Rat.*

Les insectes sont, pour la plupart, les ennemis des
cultures, cependant quelques espèces viennent chaque année, ainsi que nous l'avons vu précédem-
ment, nous apporter en bons et fidèles alliés leurs
services gratuits, et nous aider à leur manière dans
nos travaux d'agriculture sérieusement menacés, si
l'on ne protége pas tous les animaux auxiliaires,
seuls capables d'arrêter la propagation des insectes
herbivores !

Il est aussi d'autres insectes dont la salubrité, la
médecine, les arts chimiques, l'industrie, les beaux-
arts et notre alimentation peuvent tirer parti.

Nous venons de parler des premiers que nous
avons appelés INSECTES AUXILIAIRES; ceux-ci seront
rangés sous la dénomination d'INSECTES UTILES.

Nous ne croyons pas nécessaire de demander de
nouveau aide et protection pour les uns et pour les
autres, car une fois que l'on saura apprécier l'importance des services qu'ils nous rendent ou des
douceurs qu'ils nous procurent, la reconnaissance
de tous leur sera acquise.

I. — INSECTES ENFOUISSEURS.

Signalons d'abord les *Insectes enfouisseurs,* dont la mission est de faire disparaître promptement du sol les cadavres des petits animaux que nous négligeons d'enterrer et qui sont trop souvent la cause d'affreux ravages ou tout au moins une cause d'infection. En effet, ces corps entrent rapidement en décomposition, certaines mouches viennent sucer cet appât empoisonné et engendrent la terrible et si dangereuse maladie du charbon, soit en nous piquant nous ou nos bestiaux, soit plutôt en déposant sur de petites plaies le virus qu'elles ont puisé dans les matières putréfiées dont elles sont si friandes.

Les NÉCROPHORES ENTERREURS ou *Porte-morts,* comme l'indique leur nom tiré du grec, s'acquittent à merveille de leur tâche. Ce sont de beaux et grands insectes d'un noir brillant et bariolé de larges bandes d'un jaune orange. Doués d'un odorat éminemment subtil, dont le siége est (comme chez tous les autres insectes) dans les antennes suivant certains naturalistes, ou d'après certains autres à l'entrée des *stigmates* (1) ou orifices respiratoires qui se présentent à l'extérieur sous la forme de boutonnières placées le long du corps sur tous les segments de l'abdomen, les Nécrophores volent partout, cherchant à saisir sous le vent les émanations de

(1) Quoi qu'il en soit de ces opinions, il est constant que les insectes ne respirent pas de la même manière que les autres êtres; il est donc fort possible que l'air qui va, au moyen des stigmates vivifier leur sang à l'intérieur, imbibe pour ainsi dire tout leur corps des odeurs répandues dans l'atmosphère.

quelques taupes, reptiles et autres petits animaux morts récemment.

Quand ils ont découvert un de ces cadavres, ils se réunissent au nombre de cinq ou six pour procéder à l'enfouissement. Alors, tous se glissent sous le corps, et pendant que les uns le soulèvent, les autres creusent un trou de quelques centimètres de profondeur — 30 ou 40 — pour empêcher la corruption trop rapide.

Fig. 21. — Nécrophores enterrant un crapaud.

En moins de vingt-quatre heures, ce travail est entièrement terminé, et les femelles déposent leurs œufs dans le corps de leur proie que dévoreront complétement les petites larves, sans même épargner les os. — On prétend qu'une espèce marine enterre des poissons dans le sable, à l'abri de l'eau de mer.

Le *Nécrophore germanique* (N. Germanicus), noir, et beaucoup plus gros que les autres espèces, ne vit pas comme elles en société ; la femelle seule cherche les cadavres et y dépose ses œufs sans les enterrer.

Fig. 22. — Nécrophore germanique.

Une autre espèce, le *Nécrophore des morts* (N. mortuorum), est mal nommée ; car cet insecte se rencontre le plus ordinairement dans les champignons décomposés ; il est très facile à reconnaître à ses antennes noires, tandis que chez les autres l'extrémité est fauve.

On remarque fort souvent de nombreux parasites très petits et d'une couleur jaunâtre, courant çà et là sur toutes les parties du corps des Nécrophores où ils se cramponnent au moyen des crochets aigus de leurs pattes antérieures, sont des *Gamasus*, appartenant au groupe des *Arachnides*. Ils ne se nourrissent que de matières animales, mais la lenteur de leurs mouvements et la faiblesse de leurs organes les empêchant de se transporter facilement d'un endroit à un autre, ils se servent du corps d'autres insectes comme d'un véhicule qu'ils quittent aussitôt après qu'ils ont été transportés sur une proie convenable et suffisante.

II. — Insectes carnivores et Insesctes stercoraires.

A côté des Nécrophores, vivent de nombreuses espèces d'insectes plus nécessaires encore au maintien de la salubrité et de la pureté de l'air, mais que l'on écrase cependant impitoyablement « *à cause de leurs habitudes dégoûtantes,* » disent ceux qui ne savent pas que c'est pour obéir aux lois de leur destinée qu'on les trouve sans cesse autour des cadavres, des fientes et dans les immondices qui, sans ces petits êtres, empoisonneraient l'air de leurs miasmes infects et putrides dont l'action est encore si mystérieuse.

C'est pendant l'été surtout, alors que l'excessive chaleur de l'atmosphère, combinée avec l'humidité des matières organiques, hâte leur fermentation et leur décomposition, que ces insectes nous rendent d'importants services; aussi sont-ils très communs et répandus partout.

Ces insectes, agents si actifs de la transformation de la matière, et désignés sous le nom de *Stercoraires* ou *Coprophages,* font rapidement disparaître du sol, sans les enterrer comme les précédents, mais en les divisant et en les répandant de tous côtés, les parties les plus fluides ou les moins consistantes des corps en putréfaction et des végétaux décomposés soit naturellement, soit après avoir servi de nourriture aux ruminants ou herbivores; de là leur présence continuelle dans les fientes de ces animaux. Ils pondent ensuite leurs œufs dans ces matières dégoûtantes qui procurent aux jeunes larves une abondante nourriture.

Parmi ceux qui font si bien la police de salubrité, nous citerons : les PILULAIRES, ainsi nommés parce qu'ils font de matières stercorales un certain nombre de petites boules molles d'abord, puis, peu à peu consistantes, dans lesquelles ils déposent leurs œufs ; après quoi mâles et femelles roulent ces boulettes avec leurs longues pattes de derrière dans des trous qu'ils ont préparés à l'avance. Le but de ce travail n'est pas seulement d'assurer un berceau aux larves futures, car souvent on voit les mâles et même les femelles, après la ponte, recommencer de nouvelles boules uniquement pour accomplir la mission que la nature leur a imposée et qui consiste à disperser les excréments ou autres matières en décomposition. Les STAPHYLINS, qui vivent dans les cadavres et les végétaux à demi pourris. Les SPHÉRIDIES, ESCARBOTS, LÉTHRUS et DERMESTES; il est vrai que les larves de ce dernier sont quelquefois nuisibles en s'introduisant dans le lard ou les autres provisions de ménage, mais l'insecte parfait ronge et fait disparaître les fibres et les nerfs délaissés par les autres insectes. Les SILPHES ou BOUCLIERS, ainsi appelés à cause de la forme de leur corselet grand et large qui rappelle celle des anciens boucliers ovales, et sous lequel ils peuvent cacher leur tête. La mauvaise odeur qu'ils répandent par la bouche est due à un liquide âcre

et noir destiné probablement à hâter la décomposition des corps. Mentionnons enfin les ONTHOPHAGES,
les APHODIES, qui renferment plus de soixante espèces, et les GÉOTRUPES ou BOUSIERS, sombres sa-
phirs dont une espèce, l'*Ateuque ou Scarabée sacré
des tombeaux* (Ateuchus sacer) avait été placée au
rang des divinités par les Egyptiens, qui témoi-
gnaient ainsi d'une pensée de reconnaissance à son
égard et voulaient par là appeler sur elle la protection des hommes, tant était grande son utilité!
« Messager du printemps, annonçant par sa repro-
« duction le renouvellement de la nature, remar-
« quable par la singulière industrie de disperser
« sous la forme de petites boules, les parties des di-
« vers excréments, il avait, dit Latreille (*Mémoires
« du Muséum*, t. V), paru offrir aux prêtres égyp-
« tiens l'emblême des travaux d'Osiris et du Soleil.

D'après Gory, ce peuple superstitieux, qui regardait l'Ateuchus comme le symbole de la transmigra-
tion des âmes, multiplia de mille manières son
image qu'il plaçait dans les tombes comme une divinité tutélaire.

Les Bousiers de nos pays, moins grands que l'A-
teuchus, ont presque tous la partie inférieure du
corps parée des couleurs métalliques les plus belles
et qui ne le cèdent en rien à nos pierres précieuses.
Ils ont aussi la propriété de sécréter une huile dont
ils s'imprègnent et qui préserve leurs corps de la
souillure des matières dans lesquelles ils vivent;
mais cette huile et surtout leur genre de nourriture,
rendent insupportable l'odeur écœurante qu'ils
exhalent.

Dès qu'on touche ces insectes, ils contractent leurs pattes et contrefont le mort jusqu'à ce qu'ils croient tout danger passé ; ensuite ils reprennent leur course.

Les NITIDULAIRES, de petite taille et d'une couleur sombre, noire où verdâtre, se rencontrent surtout dans les champignons et dans les corps d'animaux en décomposition.

On les trouve également avec les TROX, quelques *Scarabées*, les HEXODONS, les ÆGIALES et les CALLIDIES dans les bois pourris et sous les écorces. Le rôle important de ces insectes est de contribuer à faire tomber l'écorce des arbres morts sur pied ou abattus par les ouragans et d'accélérer ainsi la décomposition du bois et sa réduction en terreau.

Passons maintenant à l'ordre des *Diptères* où nous trouverons plusieurs mouches, d'autant plus nombreuses que leurs générations se succèdent avec une rapidité excessive, et connues vulgairement sous le nom de *Mouches carnivores* ou SARCOPHAGES. Chargées, avec les coléoptères qui précèdent, de remplir une mission importante dans l'économie générale, elles sucent les parties liquides des cadavres de grands animaux. Quant aux larves, les unes s'attaquent aux tendons ou à la peau, tandis que les autres, comme la grosse *Mouche bleue de la viande* (Musca vomitoria), préfèrent la chair musculaire. Quelques-unes même, celles des THYRÉOPHORES, vivant des os des squelettes, les réduisent en une poussière impalpable.

Toutes ces mouches sont en général vivipares, c'est-à-dire qu'elles ne pondent pas d'œufs, mais donnent naissance à des milliers de petits vers qui les secondent merveilleusement. Aussi Linné, frappé de leur voracité, a-t-il dit que trois mouches et leur génération dévoreraient plus vite le cadavre d'un cheval, qu'un lion ne pourrait le faire dans le même espace de temps.

Ajoutons enfin qu'une infinité de larves de Diptères, même de ceux qui nous sont nuisibles à l'état parfait, concourent également à empêcher l'émanation des miasmes infects que produiraient les eaux croupissantes et corrompues au milieu desquels elles vivent et se transforment.

III. — INSECTES MÉDICINAUX.

Personne n'ignore l'usage très commun que fait la médecine de quelques *Coléoptères vésicants*, que l'on tue à la vapeur du vinaigre, et dont les corps, desséchés et pulvérisés, déterminent à la surface de la peau sur laquelle on les applique une irritation et une sécrétion qui apportent souvent un grand soulagement à nos douleurs.

Cette poudre, qui sert à préparer les vésicatoires, est un poison si violent que, dans le droit Romain, la loi de *De sicariis* punissait de mort ceux qui l'employaient.

Les plus répandus de ces insectes bienfaisants sont :

1° Les *Cantharides* (Lytta vesicatoria), vulgairement appelées *mouches d'Espagne*, dont les nombreuses légions dévorent chaque année les feuilles des lilas et des frênes. Hippocrate, ce père de la

médecine, connaissait déjà les propriétés épispas-
tiques de la Cantharide ou plutôt du Mylabre, qu'il
employait tant à l'intérieur qu'à l'extérieur, surtout
dans l'apoplexie, l'hydropisie et la jaunisse. Ce n'est
qu'au premier siècle de notre ère qu'un médecin de
Rome, Arétée, l'employa sous forme de vésicatoire.

2° Les *Méloés*, gros insectes d'un noir bleuâtre,
orné quelque fois de couleurs métalliques, aux formes arrondies, à la démarche lourde et embarras-
sée et aux élytres molles qui ne recouvrent pas
d'ailes membraneuses. Une liqueur jaunâtre, mais
d'une odeur moins âcre que celle des Cantharides,
suinte de tout leur corps à chaque articulation
quand ils sont inquiétés. On rencontre assez communément à terre, dans les champs ou le long des
chemins, pendant le printemps et l'automne, ces
insectes dont les propriétés vésicantes sont si efficaces. Autrefois on les employait pour la préparation d'une pommade appelée *onguent de Scarabées*.

Au Mexique, les Indiens utilisent les Méloés en les
écrasant et en les appliquant comme emplâtres sur
les plaies des chevaux.

Les Méloés sont encore connus dans certains pays
sous le nom d'*Enfle-Bœufs*, et il parait que les bestiaux qui les avalent se gonflent tout à coup et
meurent empoisonnés.

Citons aussi le *Mylabre*, qui se trouve dans nos
pays, mais principalement en Asie, en Afrique et
partout où ne vit pas la Cantharide vésicatoire qu'il
remplace avantageusement.

Dioscoride, qui mentionne cet insecte dans son
Livre II, chap. 65, *de Cantharidis*, veut probable-

ment parler de celui que nous connaissons sous le nom de *Mylabre de la Chicorée* (Milabris cichorii) et qui était très commun en Italie. On se sert encore aujourd'hui dans ce pays, en Grèce et dans tout l'Orient, de cette espèce noire à bandes jaunes sur les élytres.

Fig. 23. — Cétoine dorée.

Depuis quelques années on commence à préconiser la *Cétoine dorée* (Cetonia aurata), employée avec succès en Russie comme un bon remède contre la rage. Tout le monde connaît ce beau coléoptère, vulgairement appelé Insecte de Sainte-Catherine, d'un beau vert doré parsemé de petites taches, et que l'on trouve pendant l'été dans le sein des roses.

Les habitants des steppes immenses qui bordent les rives du Volga emploient la Cétoine de la manière suivante. An printemps, ils recueillent dans les grandes fourmilières des bois, les larves de Cétoine qu'ils réduisent en poudre après les avoir fait sécher au four. Quant une personne est mordue, on lui fait manger un morceau de pain beurré sur lequel on étend la valeur de deux ou trois Cétoines, ou plus, suivant la gravité des cas. Ce remède, et c'est son seul effet, occasionne un sommeil de trente-six heures environ, après quoi on se réveille complètement guéri. Du reste nous renvoyons aux *Revues et Magasins de Zoologie*, de M. Guérin-Méneville (1831 et suivants), pour les nombreuses et intéressantes remarques que le défaut de place nous empêche de rapporter ici ; et si nous avons parlé de ce prétendu remède, emprunté à l'*Encyclopédie d'histoire naturelle* de M. le Dr Chenu, c'est que nous avons cru devoir montrer qu'il y a là quelque chose à faire et qu'il ne faut pas rejeter, avant d'avoir tenté des expériences directes, un remède peut-être efficace contre une terrible maladie que la science n'a pas encore pu parvenir à guérir.

Pourquoi, en effet, n'y aurait-il pas dans la Cétoine un principe particulier pouvant être opposé à l'hydrophobie, de même que nous trouvons dans la Cantharide le principe spécial dont la médecine tire un si grand parti ? Aussi, malgré tout ce que ces opinions vulgaires peuvent présenter d'inadmissible, notre conviction est qu'il ne faut pas de prime abord les regarder comme puériles ou inexactes.

On attribue la même propriété aux Hannetons (1) et aux Méloés.

----

(1) A ce sujet, M. Théophile Gauthier termine ainsi un de ses charmants articles :

« Le hanneton est un insecte utile. Lecteurs n'accueillez pas ces « mots d'un rire incrédule. De plus savants que nous ont vieilli « dans le travail d'observation de la nature, et ils ont découvert « que le hanneton était jusqu'à ce jour le remède le plus efficace « contre la morsure des chiens enragés. Ce fut en 1743 que le « hasard fit faire cette étrange découverte aux environs de Munich.

« Un chien enragé, poursuivi par les habitants, fuyait dans « la campagne, lorsque sur son passage des enfants effrayés je-« tèrent une corbeille pleine de hannetons. L'animal se précipita

Quoi qu'il en soit, en attendant que des expériences faites avec le plus grand soin aient amené des résultats certains, il ne faudra jamais négliger d'employer, pour combattre cette terrible maladie, le seul remède efficace connu jusqu'à présent, la cautérisation.

La médecine emploie encore avec succès les GALLES ou excroissances charnues causées sur certaines plantes par la piqûre d'insectes appartenant au genre CYNIPS de l'ordre des Hyménoptères. Prises à l'intérieur, elle constituent un astringent puissant.

Enfin, la cire brute ou jaune produite par les *Abeilles* est très émolliente et entre fort souvent dans les compositions pharmaceutiques telles que, emplâtres, onguents, etc., etc. (2).

IV. — INSECTES EMPLOYÉS DANS L'INDUSTRIE. INSECTES SÉRICIGÈNES.

L'industrie qui se sert pour la fabrication des

« sur ces insectes et en broya avec fureur une certaine quantité.
« Soudain, la rage parut se calmer et les accès ne reparurent
« qu'assez longtemps après.
« Le célèbre docteur Job Hermann eut connaissance de ce fait
« singulier, et, l'année suivante, il l'expérimenta sur un enfant
« mordu depuis quatre jours d'un chien enragé. Comme la saison des hannetons était passée, il appliqua sur la morsure un
« emplâtre de larves broyées ; la plaie se cicatrisa et la rage n'eut
« pas de suite.
« Est-il quelqu'autre propriété médicale ou précieuse attachée
» au hanneton ? Je l'ignore. Mais jusqu'au jour où la science
« infatigable et sans bornes pourra donner son dernier mot, je dirai
« qu'un temps viendra peut-être où l'univers primera la propagation des hannetons. »
(2) La meilleure cire nous vient de Bretagne ; on la teint en vert avec du vert de gris ; la cire rouge employée pour les scellés est teinte de vermillon. En Chine, on lui préfère la cire d'arbre, produite par la piqûre d'un *Kermès* (Coccus sinensis ou Ceroplastus Pe-La), sur une plante appelée *Rhus succedanea.*

cierges de nos églises et des sceaux de la chancellerie, de la cire dont nous venons de parler, blanchie à la rosée, a cherché aussi à utiliser le Hanneton, en compensation des immenses dégâts qu'il cause à nos cultures pendant les trois ou quatre ans qu'il vit à l'état de larves ou de vers blancs. D'après un rapport de M. Farkas, il paraîtrait qu'on peut, à l'aide d'une forte ébullition, extraire de ces larves une sorte d'huile qui sert, en Hongrie surtout, à graisser les essieux des voitures. On les emploierait aussi pour la destruction des punaises, la préparation du gaz et la fabrication du bleu de Prusse. Enfin, leur corps, très riche en engrais, commence à être utilisé dans l'agriculture.

Mais les plus beaux produits que les insectes procurent à l'industrie, sont ceux qu'elle retire sous forme de *soie* de certains Lépidoptères ou Papillons du genre Bombyx (1). Cette soie est une matière sécrétée par deux glandes tubuleuses situées dans toute la longueur du corps et terminées par une filière très étroite placée près de la bouche des larves ou chenilles de ces papillons de nuit.

On sait que le *Bombyx des mûriers* (B. mori), vulgairement appelé *ver à soie*, est le plus important et le plus utile de tous les insectes. Aussi, dans l'antiquité, la Chine, voulant conserver le monopole de ce

---

(1) L'ordre des Lépidoptères ou Papillons, dont nous n'avons point encore indiqué les caractères généraux, se compose d'insectes chez lesquels les mâchoires sont transformées en une trompe roulée en spirale : ils ont deux antennes, six pattes et quatre ailes membraneuses recouvertes d'écailles ou poussières très fines diversement colorées ; yeux simples au nombre de six, séparés les uns des autres ; métamorphose complète. Trois tribus : L. diurnes, L. crépusculaires et L. nocturnes.

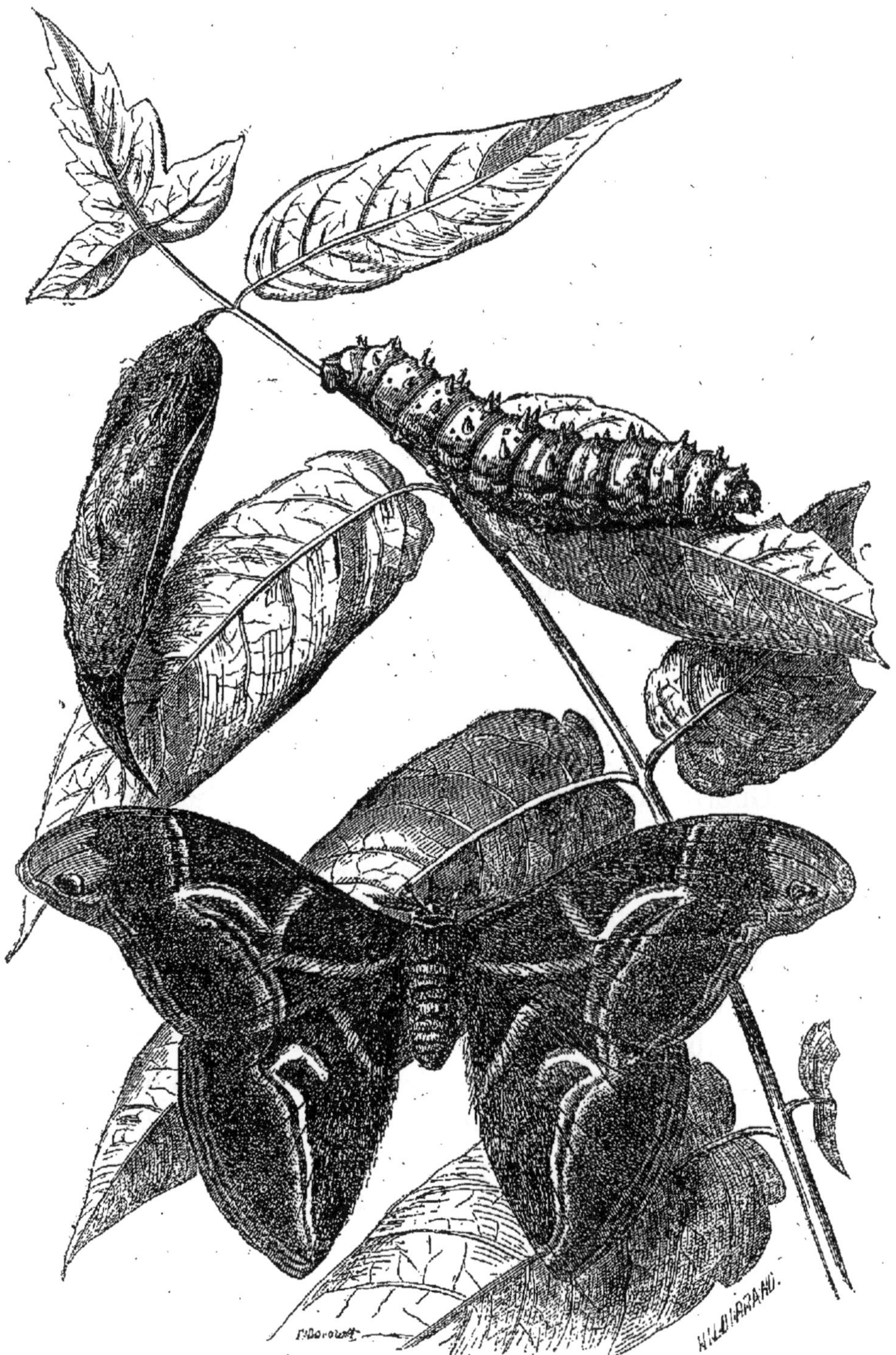

Fig. 24. — Bombyx de l'ailante.

produit que les impératrices de Rome payaient au poids de l'or, avait-elle menacé de la peine de mort quiconque exporterait ce précieux insecte. Mais, vers le commencement du VIe siècle, sous le règne de Justinien, empereur d'Orient, deux moines de l'ordre Saint-Bazile, voulant se dévouer pour leur patrie, se rendirent en Chine ou en Tartarie, et parvinrent à se procurer des œufs de ver à soie qu'ils cachèrent dans les nœuds de leur bâton. Cette ruse fut pour l'Europe la cause d'une nouvelle source de richesses.

Henri IV contribua le plus en France à la propagation de la sériciculture, en faisant planter des mûriers dans tout son royaume.

Grâce aux essais tentés par la Société impériale d'acclimatation, et grâce aussi au dévouement des savants et courageux sériciculteurs à la tête desquels la science et la reconnaissance publique placent M. Guérin-Méneville, les pays du centre, de l'est et même du nord de la France, privés de l'éducation en grand des vers à soie, pourront élever facilement, à peu de frais et peut-être à l'abri des diverses maladies qui frappent ordinairement notre ver à soie ordinaire, le *Bombyx* ou *Attacus cinthia* qui vit en liberté sur les ailantes glanduleux ou vernis du Japon, assez communs dans les jardins, et d'une culture très facile ; le *Bombyx du prunier* ; le *Bombyx du chêne* ; celui du *prunellier* et l'*Attacus arrindhia* qui vit également en liberté sur le ricin.

La soie de ces nouvelles espèces ne vaut pas, il est vrai, celle du Bombyx du mûrier ; mais si elle est plus grossière, elle est d'un prix peu élevé et se trouve ainsi à la portée de toutes les fortunes.

On peut acclimater avec la plus grande facilité ces nouvelles espèces sur les plantes communes de nos pays, et croissant souvent dans les plus mauvais terrains, comme par exemple l'ailante ou vernis du Japon.

Au reste, *toutes* les chenilles du genre Bombyx se filent une coque avant de subir leur dernière métamorphose ; ce cocon, qui n'est pas de pure soie, consiste en une sorte de feutre très gommé dont on pourrait faire une espèce de filoselle servant à fabriquer les objets de seconde qualité, et l'éducation de ces chenilles réussirait d'autant mieux qu'elles sont toutes du pays.

Parmi elles, nous citerons, surtout pour en avoir élevé nous-même, les chenilles du Petit-Paon de nuit et celles des Ecailles (Callimorpha).

V. — Insectes tinctoriaux.

La teinture et la peinture ont utilisé, comme la médecine, les *Galles* ou *excroissances* de formes diverses que produisent sur les végétaux plusieurs petites mouches de l'ordre des Hyménoptères, connues sous le nom de Cynips ou Gallicoles, et parées des couleurs rouges ou vertes les plus brillantes. Ces productions sont le résultat de l'extravasation de la séve du végétal qui, s'épanchant par les vaisseaux ouverts à l'endroit de la piqûre, est portée à refluer au dehors, par suite de la stimulation que cause dans son tissu le liquide particulier versé par l'insecte dans la plaie qu'il a faite à la plante pour y déposer un ou plusieurs œufs suivant les espèces. La larve doit naître et se nourrir dans l'intérieur de ces Galles dont on fait la récolte avant l'éclosion de l'insecte, car c'est à ce moment qu'elles contiennent le plus de matières astringentes.

On les désigne alors dans le commerce sous le nom de Galles noires, bleues ou vertes, et on appelle Galles blanches celles d'où la petite mouche s'est échappée.

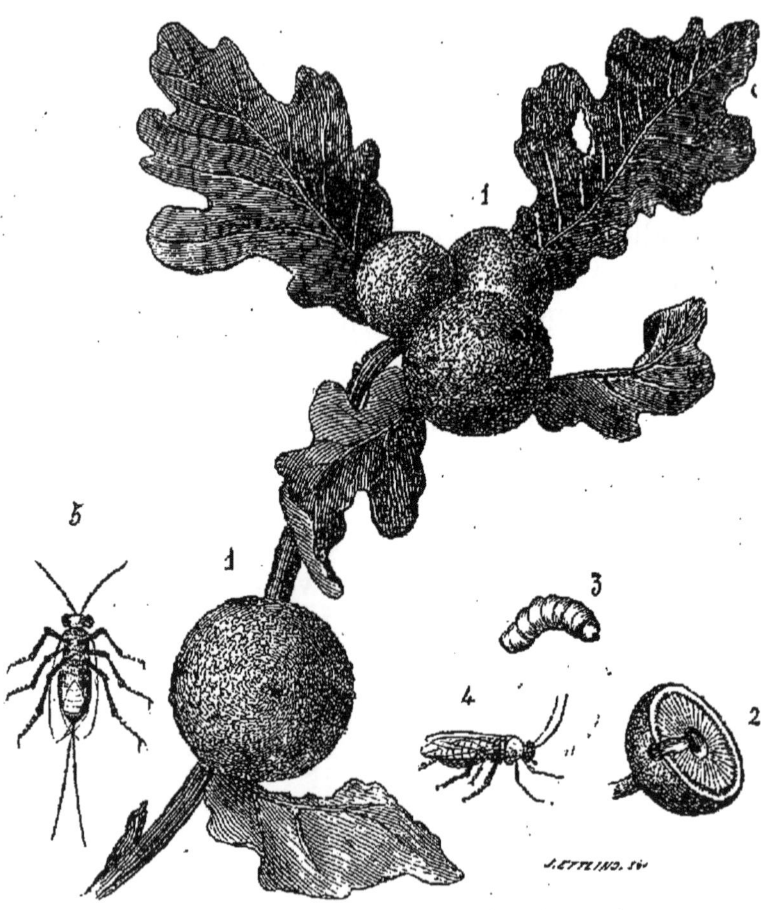

Fig. 25. — Cynips de la galle du chêne.

Le *Cynips de la Galle à teinture* (C. Gallæ tinctoriæ) produit sur le chêne du Levant dont il pique les feuilles, la noix de Galles qu'on récolte dans le midi de la France et qui sert pour les teintures noires et surtout pour la fabrication de l'encre, en y ajoutant une dissolution de sulfate de fer appelé vulgairement *vitriol vert*.

On trouve très communément les meilleures Galles en Asie-Mineure sur l'yeuse ou chêne vert. Suivant M. Mulsant, on emploierait pour la peinture le liquide noirâtre que renferme l'œsophage du Hanneton.

Après le Ver à soie, il est un insecte plus précieux que tous les précédents, et bien qu'il ne soit pas encore naturalisé Français, nous pensons qu'il n'en mérite pas moins une mention spéciale, puisqu'il a donné naissance à une branche importante de l'industrie — la teinture. — Cet insecte, de l'ordre des Hémiptères (comme la Punaise), est la *Cochenille*, appelée autrefois *Graine d'écarlate*. Munie d'un bec court, elle l'enfonce pour en pomper le suc dans les jeunes pousses du nopal, plante grasse, sans tige, et dont les feuilles couvertes d'épines sont soudées les unes aux autres.

Le mâle a quatre ailes, la femelle n'en n'a pas; elle pond environ 4,000 œufs.

Plusieurs espèces, originaires du Mexique, fournissent une belle couleur cramoisie qui remplace avec avantage la pourpre des anciens; citons entr'autres la *Cochenille du nopal* (Coccus cacti); la *C. du chêne vert* (C. ilicis), et la *C. sylvestre* (C. silvestris). Cette dernière est d'un élevage très facile, mais d'une couleur plus sombre que les précédentes.

Dans l'Inde, c'est une Cochenille (Coccus lacca) qui produit la gomme laque en piquant les feuilles des figuiers (Ficus Indica ; F. religiosa), et d'autres plantes laiteuses (Rhus succedanea), dont le suc est en général couleur de sang.

La Cochenille vivant aussi sur les cactus, on a essayé de l'importer en France où elle a donné des résultats peu satisfaisants ; mais elle réussit assez bien en Corse et en Algérie, aux environs d'Alger, sur les cactus du pays et sur les nopals qu'on y a plantés.

Au moment de la récolte des Cochenilles, on les enlève au moyen d'un couteau tranchant que l'on passe légèrement de haut en bas le long des feuilles du nopal.

Pour les employer en teinture, on ajoute à la décoction qu'on en fait, une solution d'étain par l'acide chlorhydrique.

Ce principe, combiné avec l'alumine, fournit la laque carminée dont les peintres font usage.

Pendant longtemps, on s'est servi pour la teinture en carmin du *Kermès à teinture*, qui vit sur les chênes verts des contrées méridionales.

Autrefois, on fabriquait avec un insecte de cet ordre, le Kermès du chêne vert (Chermes ilicis), le *sirop alkermès*, qui servait à réparer les forces épuisées. Nous avons dans nos pays un certain nombre de Kermès qui vivent sur le peuplier, le buis, le figuier, etc., mais on n'a pu jusqu'ici en tirer parti.

Tous ces Kermès, au corps ovoïde et de couleur variable, ressemblent à de petites lentilles étroitement appliquées et même collées sur les tiges ou les feuilles des plantes. Au contraire des Cochenilles qui ont la faculté de se mouvoir pendant toute leur vie, ces insectes ne marchent que dans les premiers moments de leur existence et restent toujours dans l'immobilité la plus complète à l'endroit de la plante où ils ont une première fois enfoncé leur bec. Ils grossissent ensuite très rapidement ; après la ponte, la femelle meurt, et sa peau se desséchant, sert de coque ou de couverture à ses œufs.

Le nombre des Kermès est assez considérable. Heureusement, ils ne s'attaquent qu'aux plantes déjà languissantes ou malades.

VI. — Insectes d'ornement.

Les artistes pourraient utiliser à leur tour certains insectes en empruntant des dessins originaux à leurs formes bizarres ou à la variété de leurs couleurs.

Aujourd'hui surtout qu'on semble avoir perdu le véritable sens de l'ornement, le secret de ces merveilleuses orfévreries d'autrefois et qu'on est obligé de s'inspirer des vitraux gothiques ou des vieux bijoux, ne pourrait-on pas chercher de nouveaux modèles dans la riche parure que Dieu a semée à profusion sur les ailes des insectes grossies au microscope ou dans les yeux irisés et si brillants de presque toutes les mouches?

VII. — Insectes Mellifères.

Parmi les travaux des insectes, les gourmands trouvent aussi de quoi se satisfaire, et tous connaissent le produit si estimé de certaines mouches du même ordre que les Gallicoles.

Ces mouches sont les ABEILLES, leur produit est le *miel*, mets exquis que les poètes regardent comme la seule nourriture des dieux de l'antiquité. Nous ne voulons pas entrer à ce sujet dans les longs et intéressants détails se rattachant aux industrieuses Abeilles qui sont pour nous et depuis un temps immémorial une source de richesses.

Rappelons seulement qu'elles vivent en société nombreuse composée quelquefois de 25,000 indivi-

Fig. 26. — Abeille fasciée d'Égypte.

dus gouvernés par une reine, la seule femelle de la ruche, car les autres sont tuées ou partent avec les essaims pour aller fonder ailleurs de nouvelles colonies.

Les mâles ou bourdons qui ont servi à la fécondation meurent bientôt après, car pour les insectes, aimer c'est mourir ; les autres sont impitoyablement expulsés et même massacrés comme bouches inutiles.

Les neutres ou mulets sont des femelles dont les organes de la génération sont atrophiés ou rudimentaires par suite de la nourriture plus commune qu'ils ont eue à l'état de larves et qui décide seule de la fécondité des Abeilles. Ces êtres imparfaits, chez lesquels on peut dire que le moral s'est déve-

loppé aux dépens du physique, sont communément
désignés sous le nom d'ouvrières ; et comme elles ne
donnent pas à d'autres êtres l'existence qu'elles ont
reçue, elles ne meurent pas d'épuisement et ont
une vie plus longue que celle des insectes com-
plets.

Ces ouvrières servent donc de mères aux petites
larves qui, sans elles, seraient privées de tous soins,
puisque la seule femelle de la ruche ne s'occupe
pendant toute sa vie que d'aller déposer un œuf
dans chaque cellule.

Fig. 27. — Abeille italienne.

Ce sont elles aussi qui, munies d'instruments
spéciaux, récoltent le pollen ou poussière jaune des
fleurs leur servant à faire les gâteaux de cire rem-
plis ensuite du miel destiné à nourrir les jeunes
larves et elles-mêmes pendant la mauvaise saison.

Les Abeilles à l'état sauvage produisent plus de
miel que les Abeilles domestiques.

Le meilleur miel, jaune ou ordinaire, est celui
que l'on récolte en Champagne, et qui doit sa qualité aux plantes aromatiques qui croissent dans les
terrains secs et montagneux de ce pays. Le miel
blanc de Narbonne est aussi fort estimé.

VIII. — INSECTES COMESTIBLES.

Depuis plusieurs années, quelques naturalistes proposent de comprendre dans notre alimentation certains insectes qui ne peuvent pas être plus mauvais, disent-ils, et seraient même meilleurs, d'après eux, que les Escargots, les Grenouilles ou les fromages infects que nous mangeons chaque jour sans la moindre répugnance.

Au nombre de ces innovateurs se trouve un écrivain célèbre, tout à la fois historien et poète, qui, après avoir raconté les succès et les revers de notre patrie, la grandeur et la misère de l'humanité, a voulu consacrer son talent et ses veilles à l'étude d'un monde moins agité que le nôtre, mais qui n'en mérite pas moins cependant de fixer l'attention de l'homme observateur et intelligent.

Cet historien érudit, cet amant passionné de la nature est M. Michelet, et le monde qu'il a chanté est le monde des Insectes.

Dans son charmant ouvrage intitulé *l'Insecte*, après nous avoir transporté au milieu de ces petits êtres aux mille couleurs, aux formes changeantes et variées, et nous avoir fait assister à leur naissance, à leurs transformations, à leurs travaux et à leur mort, l'auteur demande tout à coup pourquoi notre alimentation ne trouverait pas des ressources inat·tendues dans des êtres doués d'une vie si riche et si intense.

Puis, pour donner plus de force à l'observation qu'il présente, M. Michelet rapporte une leçon originale et instructive d'un éminent naturaliste, organisateur du Muséum de Rouen, leçon que nous nous permettons de transcrire ici :

« Un regrettable préjugé, un raffinement ridicule
« a éloigné de notre Occident une source d'alimen-
« tation des plus riches et des plus exquises. Quel
« droit les mangeurs de gibier faisandé, d'oiseaux
« non vidés, quel droit encore les mangeurs d'huî-
« tres, de ce mollusque glaireux, auraient-ils de
« repousser l'alimentation de l'insecte?

« Un savant célèbre, l'astronome Lalande, osa faire
« un pas de plus et passer à la Chenille, s'élevant
« d'un degré encore au-dessus du préjugé. Nous lui
« devons de savoir que la Chenille a le goût de l'a-
« mande et l'Araignée celui de la noisette. Il s'ha-
« bitua à celle-ci qu'il trouva plus délicate.

« Plusieurs insectes sont tellement savoureux et
« substantiels qu'entre tous les aliments ils avaient
« été choisis par les dames comme renouvellement
« de vie, de beauté et de jeunesse. Les dames ro-
« maines de l'Empire vieilli reprenaient les formes
« amples des Cornelia de la République par l'usage
« du Cossus.

« Les sultanes des pays voluptueux de l'Orient se
« font apporter des Blaps, et, oisives dans les jar-
« dins, au bruit des eaux jaillissantes, puisent dans
« le succulent insecte une jouvence éternelle.

« Au Brésil, la Portugaise tire des Malalis du bam-
« bou, quand l'arbre a sa fleur nuptiale, un beurre
« frais pour les aliments et mange en bonbons les
« Fourmis au moment où l'aile les soulève dans les
« airs comme une aspiration d'amour.

« Mais généralement l'insecte, à part sa valeur
« réelle, a été recherché des peuples dont il détrui-
« sait la culture. Il leur ôtait les aliments, ils l'ont
« pris pour aliment. La terrible Sauterelle, dont la
« multiplication a mis tant de fois l'Orient en péril,
« a d'autant plus été poursuivie et dévorée par
« l'Orient.

« Heureusement, la Sauterelle est la manne de
« l'Asie. Qui ne sait que les prophètes, dans les
« grottes du Carmel, ne vivaient pas d'autre
« chose ?

« Les prophètes de l'islamisme suivaient le même
« régime. On disait un jour à Omar le calife :

« — Que pensez-vous des sauterelles?

« — Que j'en voudrais un plein panier.

« Un jour elles lui manquent. A grand'peine un
« serviteur lui en trouva une, et, reconnaissant,
« charmé, il s'écria :

« — Dieu est grand !

« Aujourd'hui encore on vend des sauterelles dans
« tout l'Orient, et on les mange au café comme des-
« sert ou friandise. On en charge des vaisseaux, on
« en trafique à pleins tonneaux.

« Nous avons ici des insectes bien autrement subs-
« tantiels et plus riches d'alimentation.

« Qui nous arrête? Et quel prétexte avons-nous de
« prendre contre eux de telles représailles? »

A ce point de son discours, dit M. Michelet, l'o-
rateur, profitant de l'attention profonde de son au-
ditoire, prit sur sa table quelques-uns des insectes
les plus redoutés de l'agriculture, il les mit sous sa
dent et les avala gravement, avec cette forte parole

qui ne perdra pas son fruit : *Ils nous ont mangés, mangeons-les!*

Ce goût pour les insectes remonte à la plus haute antiquité. Moïse donnant à son peuple la loi de Dieu et lui défendant de se nourrir de la chair de certains animaux regardés comme impurs, lui dit : « Mais « pour tout ce qui marche sur quatre pieds (1) et « qui, ayant des pieds de derrière plus longs, saute « sur terre, vous pouvez en manger, tels que le « *Bruchus* (2), l'*Attachus* (3), l'*Ophiomachus* (4) et la « *Sauterelle.* » (Lévitique, chap. IX, v. 22 et 23.)

L'Ecriture-Sainte nous enseigne également (Evangile de saint Mathieu, ch. III, v. 4) que saint Jean a vécu pendant longtemps de *Sauterelles;* et la *manne* dont les Israélites se sont nourris dans les déserts de l'Arabie après leur fuite d'Egypte était probablement une substance sucrée produite sur le tamarin par la piqûre d'un *Kermès* ou *Cochenille.*

Pline le naturaliste, parlant du *Cossus* que les dames romaines regardaient comme un mets délicat et savoureux, nous apprend que ce ver se nourrissait dans l'intérieur des arbres et qu'on l'engraissait avec de la farine.

La description qu'il en donne au chapitre XXIV du livre XVII de son *Histoire naturelle*, où il dit que « ce ver se changeait en insecte porte-cornes faisant « entendre un petit bruit strident, » a fait penser

(1) Les Sauterelles ont six pattes, mais Moïse ne regardait certainement pas comme des *pieds* proprement dits les longues pattes postérieures qui leur servent à sauter.

(2) Sauterelle sans aile. (Saint Jérôme, LXX.)

(3) Variété de la précédente. (*Id. id.*)

(4) Sorte de Sauterelle ainsi appelée parce qu'elle combat contre le serpent. (Pline, livre II, ch. 29.)

à M. Mulsant que ce Cossus n'était autre que la larve de notre *Capricorne héros*, le plus gros des insectes de la famille des *Longicornes* (1).

Ailleurs, dans les chapitres XXXII et XXXV du livre XI, il rapporte que « les nations orientales et même « les Parthes qui vivent dans l'abondance regardent « les *Sauterelles* et les *Cigales* comme un mets « agréable, mais que les gourmets préfèrent les « mâles avant l'accouplement, et les femelles après « la ponte. »

Il n'en était pas de même en Grèce où l'on recherchait avec gourmandise les femelles avant la ponte, à cause des œufs qui étaient très estimés.

Au dire d'Aristote, ce goût pour les Cigales provenait de ce que les Grecs croyaient que la rosée était leur seule nourriture; ils les mangeaient aussi à l'état de larves appelées alors *Tettigometra*. Il paraît que leur chair rappelle celle de l'écrevisse.

De son côté, saint Jérôme rapporte dans son traité contre Jovinien que les habitants du Pont et de la Phrygie regardent comme une de leurs plus belles récoltes *des vers à tête noirâtre* et au corps replet, qui prennent naissance dans le bois. « Man- « ger ces insectes, dit-il, *loc. cit.*, est pour ces « nations une aussi grande preuve de luxe que chez « nous de servir le ganga, le bec-figue, le scare et « tant d'autres morceaux recherchés dont nous « faisons nos délices. »

Si maintenant, quittant ces auteurs anciens, nous

(1) Maintenant encore, à Cayenne, les habitants recherchent avec grand soin, pour la manger, la larve d'un grand Longicorne, *le Prione à corne de cerf*, qui vit dans le bois du fromager.

parcourons les récits des voyageurs modernes, nous verrons que ce goût des peuples d'autrefois pour certaines espèces d'insectes existe encore de nos jours. Ainsi, les Américains et les Indiens ont l'habitude de manger des sauterelles, et ils font leur régal des larves du *Charençon palmiste* roulées dans la farine avant de les faire frire; beaucoup même assurent, pour en avoir goûté eux-mêmes, que c'est un mets fort délicat.

D'autres nous apprennent que les Arabes, les Egyptiens et tous les peuples de l'Orient mangent avec délices les *Cigales*, qu'ils réduisent en poudre pour en faire soit un gâteau, soit un brouet, en y mélangeant du lait, de la farine et du sel. Quelques-uns les conservent dans la saumure, et ensuite ils les font frire, griller ou bouillir.

Les Brushmen d'Afrique mangent en outre toutes les *Chenilles* qu'ils rencontrent.

Quant aux Chinois, qui ne laissent rien perdre, ils préparent une sorte de dragée avec les *Chrysalides* des vers à soie dont ils ont dévidé les cocons.

Ils tirent également parti des *Ephémères*, qu'ils font frire dans l'huile ou qu'ils confisent dans du miel.

Mais les habitants de Ceylan, moins soucieux de leurs intérêts, dévorent avec avidité les *Abeilles* après la récolte du miel.

Nous lisons enfin dans les récits de ces mêmes voyageurs que les Australiens mangent les larves d'un grand nombre d'insectes, et qu'à la Guyane, en Afrique, à la Nouvelle-Hollande et dans les savanes de l'Amérique du Nord, le nègre ne peut se rassasier des *Araignées grillées* et des *Termites*, névroptères ressemblant à de grosses Fourmis blanches dont il fait, avec de la farine, différentes pâtisseries auxquelles il trouve une saveur agréable.

A Constantinople, de même qu'en Perse, on apporte sur les marchés une *Galle charnue*, de la grosseur d'une pomme d'api. Cette Galle domestique croît sur une sauge, la *Salvia pomifera*, originaire de Crète et cultivée dans nos pays.

Aux environs de Paris, la *Galle du lierre-terrestre* est aussi fort recherchée.

L'expédition du Mexique nous a appris qu'à Mexico on remplace les pâtes du potage par les *œufs d'une Punaise aquatique* qu'on va recueillir sur le bord des lacs ou dans les lagunes de la ville.

On fabrique aussi avec ces œufs réduits en poudre une sorte de pain connu sous le nom de *haulté*, que l'on vend sur les marchés.

Citons enfin la *Fourmi*, l'insecte le plus généralement recherché dans un grand nombre de contrées, pour son goût très sucré. Au Brésil, on assaisonne les plus grosses avec une sauce de résine; les Africains les font cuire à l'étuvée avec du beurre.

Dans les Indes-Orientales, la manière de les accommoder est plus simple encore : on les fait simplement griller au feu comme des marrons.

A ce sujet, M. Smeatham dit : « J'en ai mangé « plusieurs fois et je trouve que c'est un mets « délicat, nourrissant et sain. Elles sont un peu plus « sucrées quoique moins grasses ni aussi visqueuses « que la *Chenille* ou la larve de l'*Escarbot à bec* « que l'on trouve sur le palmier, et que l'on sert

« comme friandise sur toutes les tables de l'Inde. »

A Siam, on mange surtout les œufs qui se vendent fort cher.

En résumé, tous les peuples ne partagent point, ainsi qu'on vient de le voir, nos dégoûts et nos préjugés à cet égard (1), et les preuves que nous venons de fournir ne sont point empruntées, en général, aux peuplades sauvages. Tout au contraire, les nations policées, les pays mêmes qui ont été le berceau de la civilisation, nous ont offert des exemples éclatants et irrécusables.

IX. — INSECTES FÉCONDATEURS
DES PLANTES.

Mentionnons, en finissant, un autre genre de services que nous rendent les insectes de tous les ordres et surtout les *Insectes mellifères* (Abeilles et Bourdons) en contribuant puissamment à la fécondation des végétaux.

En effet, ces messagers et ces médiateurs de l'amour des plantes pénètrent dans le sein des fleurs pour y puiser leur miel et dispersent ainsi le pollen des étamines ou le colportent ailleurs.

(1) Nous avions terminé cet article sur les insectes comestibles, quand nous avons lu dans la *Gazette des campagnes* la recette culinaire suivante, essayée depuis peu dans certaines parties de la France :

« Rouler *les vers blancs* qui sont gras et courts dans de la farine
« mélangée de chapelure et additionnée de sel et de poivre, puis
« les envelopper d'une feuille de fort papier beurré en dedans avec
« libéralité; introduire le tout sous la cendre brûlante; laisser
« cuire vingt minutes environ, plus ou moins, suivant la chaleur des
» cendres.

« Quand vous éventrez l'enveloppe, un fumet des plus appétis-
« sants vous dispose favorablement à bien accueillir ce mets cent

C'est à une autre espèce d'hyménoptère, le *Cynips* du figuier, qu'on doit la *caprification* ou fécondation artificielle de cet arbre. Cette plante est monoïque, c'est-à-dire que les fleurs mâles et les fleurs femelles, quoique portées sur le même pied, se trouvent chacune sur des branches différentes.

De cette manière, plusieurs d'entre elles pourraient rester stériles; c'est pourquoi les peuples de l'Orient récoltent les fruits mâles du figuier et les suspendent en chapelets sur les fleurs femelles.

Quand arrive l'éclosion des petits *Cynips* qui se sont nourris et développés dans ces bourgeons, ils en sortent tout chargés de pollen, et, venant butiner sur les fruits femelles, ils les percent pour y faire entrer leurs œufs et y introduisent ainsi la poussière jaune ou pollen dont ils étaient couverts.

Certains botanistes pensent que la maturité de ces figues est due non pas à la poussière fécondante provenant des fleurs mâles, mais simplement à la piqûre du Cynips. Cette assertion est d'autant plus vraisemblable que, dans le midi de la France, on emploie un autre système de caprification qu'en Orient, et qui consiste à piquer avec une aiguille huilée les fruits que l'on veut faire mûrir promptement.

« fois supérieur à l'escargot. Essayez, si le cœur vous en dit, toute
« prévention à part, vous avouerez n'avoir jamais rien mangé de
» meilleur. »

Pour notre part, nous aimerions mieux utiliser ces insectes d'une autre manière, et, par exemple, les faire servir de nourriture aux porcs et aux volailles en secouant, pendant leur apparition, les branches sur lesquelles ils dorment toute la journée.

Du reste, ce procédé est employé depuis longtemps en Allemagne, où l'on engraisse les faisans et les volailles avec une pâtée faite de maïs et de hannetons séchés au four et réduits en poudre.

Nous pensons maintenant avoir parcouru la nomen-
clature des *Insectes utiles*, quoiqu'à d'autres points
de vue beaucoup pourraient encore nous servir, soit
en nous donnant des leçons d'activité, d'obéissance,
d'économie, de patience et d'un travail assidu,
comme l'ABEILLE ou la FOURMI à laquelle l'Ecriture
sainte renvoie le paresseux en lui disant : « *Allez à*
« *la Fourmi, paresseux que vous êtes; considérez sa*
« *conduite et apprenez à devenir sage* » (Prov. Sa-
lomon, ch. VI, v. 6); soit en nous fournissant pour
les usages de la vie différents modèles, car nous
n'inventons presque rien qui n'ait été préalablement
et longtemps à notre insu créé chez l'insecte. Citons
comme exemples : la GUÊPE, qui nous a enseigné la
fabrication du papier et du carton; l'ARAIGNÉE AQUA-
TIQUE, à laquelle nous sommes redevables de la clo-
che à plongeur, et les larves de deux espèces de
mouches, les CRISTALES et les HÉLOPHILES (tribu des
Syrphides), dont on imita avec succès l'appareil
respiratoire qui leur permet de vivre au fond des
eaux les plus corrompues, tout en restant en contact
avec l'air extérieur. En effet, ce tube singulier, situé
à la partie postérieure du corps de l'insecte, se
trouve toujours à fleur d'eau et croit ou diminue
suivant que le niveau des mares baisse ou s'élève.

Dijon, 1867.

En terminant ce petit travail, nous ne pouvons résister à la tentation de transcrire ici une pièce de vers dédiée *aux enfants* et extraite d'une charmante brochure intitulée : *Aspirations poétiques et religieuses*, par Marie Jénna (Mlle Céline Renard), une de nos compatriotes, membre et lauréat de la Société protectrice des animaux.

AUX ENFANTS

Enfants, dans les plaines fleuries,
Elancez-vous, chantez, courez !
A vous le gazon des prairies,
A vous les cailloux diaprés,
A vous les fleurs ! Mais laissez vivre
L'Insecte sous l'herbe abrité
Qui comme vous joue et s'enivre
Des joyeux parfums de l'été.

Savez-vous que Dieu qui les sème
Grains vivants d'or et de velours
Les prête à celui qui les aime,
Mais les conserve à lui toujours ?

Que chacun des êtres commence
En naissant son hymne serein
Et que la sainte Providence
Veut l'entendre jusqu'à la fin ?

Savez-vous que ce petit être
Qu'ont tué vos cruelles mains
Sous un arbre laisse peut-être
Une famille d'orphelins ?
Que peut-être toute une fête
S'attriste en un coin du jardin,
Tandis votre troupe arrête
Un des convives du festin ?

Oh ! le méchant qui prend son aile
A la mouche, au papillon d'or !
A l'escargot sa maison frêle,
A la fourmi tout son trésor !
Le méchant qui jette la crainte
Sous la mousse et dans le buisson !
Le méchant qui laisse une plainte
Où bourdonnait une chanson.

Le méchant qui finit la vie
Des innocents petits oiseaux
Dans leurs doux nids à faire envie
Aux enfants dans leurs doux berceaux !
Qui, si l'insecte court, dispose
Le long de sa route un écueil,
Et si dans un lis il se pose,
De son palais fait un cercueil !

Mais vous ignorez la souffrance
Petits amis toujours heureux !

Pour que tout rie à votre enfance,
Pour que rien ne trouble vos jeux,
Chacun loin de vos demeures
Chasse les tristes vérités.
Pour rendre vos âmes meilleures,
S'il faut vous les dire, écoutez :

Il est des enfants sur la terre
Bien pauvres... déjà soucieux,
Qui sait pourquoi ? C'est un mystère,
Dieu l'expliquera dans les cieux.
Il est aussi, douleur amère !
Des malheurs encore plus grands,
Car il est des enfants sans mère,
Et puis... des mères sans enfants.

Ah ! s'il est des pauvres qui pleurent
Et tout l'hiver n'ont jamais chaud,
S'il est des hommes qui demeurent
Longtemps dans un sombre cachot
Où jamais le soleil n'envoie
Un des reflets de l'horizon,
Laissez du moins, laissez la joie
Sur la branche et sous le gazon.

Laissez les oiseaux aux tourelles,
A l'herbe tous ses diamants,
Au soir ses vertes étincelles,
Au matin ses bourdonnements.
Laissez à l'arbre solitaire
L'ami qui vient chaque été
Mêler des chants à son mystère,
Des ailes à sa majesté.

Allez ! si rien sous le feuillage,
Rien à l'ombre du vieux manoir
N'a souffert à votre passage,
Vous rentrerez contents ce soir :
Car, sachez-le, Dieu met la joie
Dans le cœur du petit enfant
Qui, lorsqu'un insecte se noie,
Jette un pont d'herbe sur l'étang.

TABLE

Deuxième Partie. — Insectes utiles.

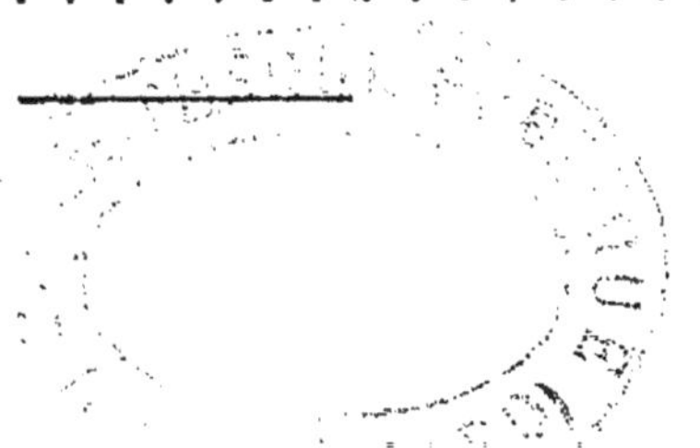

9 782013 442084